JN164668

改訂新版

油脂製品の知識

編　者
後藤直宏
東京海洋大学　食品生産科学部門　教授

著　者
公益社団法人　日本油化学会
ライフサイエンス・産業技術部会

幸書房

発刊にあたって

油脂化学の内容全体を網羅した教科書的な日本語の本はほとんど存在しない．ただそのような中，幸書房の「新版 油脂製品の知識」を代表とする数書はこの役割を長年に渡り果たしてきたと言えるだろう．ところが，このような本は執筆されてから結構な時間が経過しているものが多く，油脂化学の現状と照らし合わせると少々ズレが生じている点は気になっていた．

数年前，公益社団法人日本油化学会のオレオライフサイエンス部会と油脂産業技術部会の合同幹事会（現ライフサイエンス・産業技術部会幹事会）の席で，「これだけ油脂化学の専門家がココに集っているのだから各々が専門分野を担当すれば新しい油脂化学の教科書が書けるのではないか？」と話し合い，大いに盛り上がったことがあった．ただ，その時は，具体的にどのようなアクションを起こせばその思いが結実するのか分からず，時間だけがいたずらに過ぎ，そのうちそのような話をすることはなくなっていった．要するに忘れ去られたのである．

ところが一昨年，幸書房の夏野氏より「新版 油脂製品の知識」の改訂版執筆のオファーを突然頂いた．私は，「わかりました．やりましょう．」と普通に返事をしたが，実はその話を受けながら合同幹事会でのことを思い出し喜びを爆発させていた．数年前に油脂化学の本を書くことで盛り上がったメンバーは半分ぐらいになっていたが，今の幹事会メンバーもなかなかの精鋭である．十分期待に応えられる自信はあった．部会幹事会メンバーでフォロー出来ない範囲は，花王株式会社の専門家の皆様に筆者として加わって頂いた．そして，1年と数か月の歳月をかけ，「改訂新版 油脂製品の知識」はついに形となった．

今，夢が現実となった喜びを噛みしめている．おそらく，他のライフサイエンス・産業技術部会幹事会メンバーも同じ気持ちでいることだろう．今回は改訂新版ということで，油脂化学の先輩方が前書に記しまだまだ使える内容は手を加えずそのままにした．現在でも十分通用する当時としては最先端の知識に只々感嘆するばかりであった．この本を手にした方は，このように多くの専門家が係ったことを知ったうえで本書を十分堪能して頂きたいと思う．

近い将来，この本を読んだ人が日本の油脂化学をさらに発展させてくれることを切に願うばかりである．

2018年3月

後藤直宏

■ 編　者

後藤　直宏（ごとう　なおひろ）

略　歴

1994年3月　東京大学大学院工学系研究科化学エネルギー工学専攻博士後期課程修了
1994年4月　花王株式会社入社
2000年4月　花王株式会社退社
2000年5月　東京水産大学助手
2003年10月　東京海洋大学助手（統合のため）
2006年12月　東京海洋大学助教
2012年3月　東京海洋大学准教授
2015年12月　東京海洋大学教授

■ 著　者

公益社団法人 日本油化学会　ライフサイエンス・産業技術部会
(担当した項の順)

後藤直宏	東京海洋大学
永井利治	月島食品工業株式会社
梅澤正敏	ミヨシ油脂株式会社
安永浩一	花王株式会社
野村　蘭	昭和産業株式会社
白澤聖一	日清オイリオグループ株式会社
今義　潤	株式会社 J- オイルミルズ
山下敦史	株式会社 ADEKA
津田信治	ミヨシ油脂株式会社
木田晴康	不二製油グループ本社株式会社
御器谷友美	ミヨシ油脂株式会社
三村　拓	花王株式会社
井上勝久	花王株式会社
檀上　洋	花王株式会社
森川利哉	花王株式会社
山田　勲	花王株式会社

■項目と執筆担当者

1.1　油脂の構造（後藤 直宏）
1.2　油脂の種類（後藤 直宏）
1.3　油脂の化学的特徴とその意義（永井 利治，後藤 直宏）
1.4　油脂の物理的特徴とその意義（永井 利治，後藤 直宏）
1.5　油脂の変敗とその防止（梅澤 正敏）
1.6　油脂の栄養（1）（安永 浩一）
1.7　油脂の栄養（2）（野村 蘭）
1.8　食用油の消費動向（白澤 聖一）
2.　油脂の製造
2.1　採油（今義 潤）
2.2　油脂の精製（今義 潤）
2.3　油脂の加工法（今義 潤）
3.　油脂製品
3.1　食用油（白澤 聖一）
3.2　マヨネーズ・ドレッシング（白澤 聖一）
3.3　マーガリン（山下 敦史）
3.4　ショートニング，ラード（永井 利治）
3.5　粉末油脂（津田 信治）
3.6　ホイップクリーム（木田 晴康）
3.7　ハードバター（チョコレート用油脂）（木田 晴康）
3.8　硬化油（御器谷 友美）
3.9　脂肪酸（三村 拓）
3.10　グリセリン（三村 拓）
3.11　高級アルコール（三村 拓）
3.12　界面活性剤（井上 勝久，檀上 洋）
3.13　セッケン（石けん）（森川 利哉）
3.14　洗剤（山田 勲）
3.15　その他（白澤 聖一）

目　　次

1. 油脂の種類と性質

“油”といえば「とろっ」とした粘度があり，水に混ざらない物質を連想するのではないだろうか．“油”には，大豆油，ナタネ油，ラードなどの食用のものから，鉱物性の石油，重油，モーターオイルなどの非食用のものまで含まれる．実は，動植物から得られた“油”と鉱物系の“油”とは化学的には全く別のものであり，前者は我々が摂取し，消化・吸収ののち栄養源として利用できるが，後者は全くできないだけでなく有害である．これら動植物由来の油を総称して脂質と呼び，鉱物油と区別している．脂質は動物，植物を問わず広く生物のカロリー源として蓄積され，栄養的に重要なものである（図 1.1）．

油
- 脂質（油脂）
  - 植物性…大豆油，ナタネ油，綿実油，コメ油
  - 動物性…豚脂，牛脂，魚油，バター
- 鉱物油…………………ガソリン，灯油，重油，モーターオイル

図 1.1　油の分類

1.1　油脂の構造

脂質は多くの構造体から構成される天然由来脂溶性物質の総称である．例えば，トリグリセライド（トリアシルグリセロール），ジグリセライド（ジアシルグリセロール），コレステロール，リン脂質，脂肪酸などは脂質を構成する構造体である．これらのうち，トリグリセライドは脂質中の主たる構造体であり，油脂（または油）

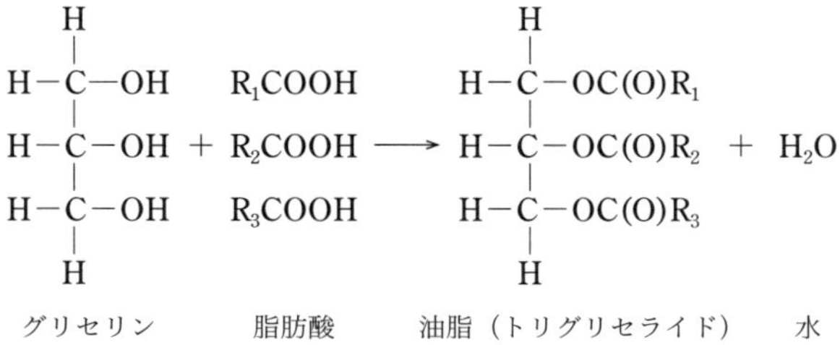

$$
\begin{array}{ccccc}
\begin{array}{l} \quad\;\; H \\ \quad\;\; | \\ H-C-OH \\ \quad\;\; | \\ H-C-OH \\ \quad\;\; | \\ H-C-OH \\ \quad\;\; | \\ \quad\;\; H \end{array}
& + &
\begin{array}{l} R_1COOH \\ R_2COOH \\ R_3COOH \end{array}
& \longrightarrow &
\begin{array}{l} \quad\;\; H \\ \quad\;\; | \\ H-C-OC(O)R_1 \\ \quad\;\; | \\ H-C-OC(O)R_2 \\ \quad\;\; | \\ H-C-OC(O)R_3 \\ \quad\;\; | \\ \quad\;\; H \end{array}
\quad + \quad H_2O
\end{array}
$$

グリセリン　脂肪酸　油脂（トリグリセライド）　水

図 1.2　油脂（トリグリセライド）の構造と生成反応

とも呼ばれる．したがって，「油脂」と記したとき，それはほとんどの場合「トリグリセライド」を意味する．トリグリセライドは，1 分子のグリセリンと 3 分子の脂肪酸がエステル結合した構造を有する（図 1.2）．

すなわち R_1，R_2，R_3 はアルキル基（CH_3・CH_2・CH_2…）で，このアルキル基の種類が違えば脂肪酸が異なり，脂肪酸が違えば油脂（トリグリセライド）の性質も異なってくる．なお，本書では油脂を中心に扱うため，リン脂質やコレステロールの詳細に関しては他の成書に譲ることとする．

1.1.1　脂　肪　酸

(1)　飽和脂肪酸

脂肪酸は RCOOH で表される酸の総称である．したがって，有機酸である酢酸（CH_3COOH）もその一種といえる．油脂を構成する脂肪酸はアルキル基（R）の分子量がもっとも大きく，炭素数が 4〜24 の範囲にわたる．飽和脂肪酸は，炭素数の長さが生体内代謝や物性に大きく影響を与えることから，炭素数を用いた略称が使用されることが多い．例えば，炭素数 8 の飽和脂肪酸は「C_8」と記す．したがって，炭素数 24 の脂肪酸は「C_{24}」となる．C_{10} 以下の脂肪酸は乳脂肪に見出され，C_{12}～C_{24} は植物油，動物脂に多い（表1.1）．

C_{10} 以下の脂肪酸は常温で液体であるが，それ以上のものは常温で固体となる．すなわち，脂肪酸の炭素数が多くなれば，その脂肪酸の融点（溶ける温度）は高くなり，炭素数が少なくなれば，脂肪酸の融点は低くなる．炭素数の少ない脂肪酸を低級脂肪酸と呼び，炭素数の多い脂肪酸を長鎖脂肪酸または高級脂肪酸と呼ぶ．そして，油の中の低級脂肪酸が多ければその油の融点は低くなり，高級脂肪酸が多くなれば油の融点も高くなる．低級脂肪酸の代表的なものとして乳脂肪中の酪酸（C_4）があり，乳脂肪が存在するかどうかを知る際の“目じるし”の1つになる．また，ラウリン酸（C_{12}）は中級脂肪酸の代表的なもので，ヤシ油，パーム核油などに多く含まれ，ヤシ油，パーム核油の存在を知る目じるしとなる．パルミチン酸（C_{16}），ステアリン酸（C_{18}）はほとんどすべての動植物油に

表 1.1　主な飽和脂肪酸の構造と名称

名称（慣用名）	炭素数	化学式	主な分布
酪　酸	4	$CH_3(CH_2)_2COOH$	バター
カプロン酸	6	$CH_3(CH_2)_4COOH$	ヤシ油，パーム核油
カプリル酸	8	$CH_3(CH_2)_6COOH$	ヤシ油，パーム核油
カプリン酸	10	$CH_3(CH_2)_8COOH$	ヤシ油，パーム核油
ラウリン酸	12	$CH_3(CH_2)_{10}COOH$	ヤシ油，パーム核油
ミリスチン酸	14	$CH_3(CH_2)_{12}COOH$	ヤシ油，パーム核油
パルミチン酸	16	$CH_3(CH_2)_{14}COOH$	植物油，動物油
ステアリン酸	18	$CH_3(CH_2)_{16}COOH$	植物油，動物油
アラキジン酸	20	$CH_3(CH_2)_{18}COOH$	落花生油
ベヘン酸	22	$CH_3(CH_2)_{20}COOH$	落花生油
リグノセリン酸	24	$CH_3(CH_2)_{22}COOH$	落花生油
セロチン酸	26	$CH_3(CH_2)_{24}COOH$	ミツロウ，カルナウバロウ
モンタン酸	28	$CH_3(CH_2)_{26}COOH$	モンタンロウ
メリシン酸	30	$CH_3(CH_2)_{28}COOH$	ミツロウ

広く存在している．C_{20} のアラキジン酸，C_{22} のベヘン酸，C_{24} のリグノセリン酸は落花生油などの特別な油の中に少量ずつ含まれている．C_{26} 以上の脂肪酸はロウの中に広く見出される．

一方，中・短鎖脂肪酸と長鎖脂肪酸という分類もある．これは，これら脂肪酸が結合した油脂を摂取したのち，脂肪酸が門脈経由で体内輸送されるか，もしくはリンパ管経由で体内輸送されるかにより分類される．一般に，C_{12} までを中・短鎖脂肪酸と呼び，C_{13} 以上を長鎖脂肪酸と呼ぶことが多い．なおこの場合，C_4 以下を短鎖脂肪酸，C_5〜C_{12} を中鎖脂肪酸とされることが多いが，C_{10} までを中鎖脂肪酸とする場合もある．

以上で述べた脂肪酸はすべて飽和脂肪酸と呼ばれるものであるが，これに対して，不飽和脂肪酸と呼ばれる脂肪酸が，油脂の構成成分として広く天然界に存在する．

(2) 不飽和脂肪酸

不飽和脂肪酸は，飽和脂肪酸に比べて化学的に不安定で，一般に融点も低い．天然油脂の中に含まれ，生理的，栄養的に重要な意味をもつ（表 1.2）．

1 個の炭素原子は他の原子と結合できる 4 本の手をもっている．そして，この 4 本の手が他の 4 つの原子と結合したとき，これを飽和の状態という．図 1.3 のステアリン酸の化学式に見られるように，アルキル基（鎖という）中のすべての結合は，隣に位置する炭素原子や水素原子と 1 本の手で固く結ばれているが，図 1.4 のオレイン酸の化学式では炭素原子と結合すべき水素原子が 2 個少なくなっており，そのため空いた炭素原子の手は隣の炭素原子と二重に結合している．ステアリン酸のように脂肪酸のアルキル基の中の炭素がすべて 1 本の手で結合している脂肪酸を飽和脂肪酸と呼び，図 1.4 のオレイン酸のように，1 個以上の二重結合がある脂肪酸を不飽和脂

表 1.2　主な不飽和脂肪酸の構造と名称

名称（慣用名）	炭素数	二重結合数	二重結合位置	n-（ω）系列	化学式（二重結合は全てシス型）	主な分布
ミリストレイン酸	14	1	9	5	$CH_3(CH_2)_3CH{=}CH(CH_2)_7COOH$	乳脂
パルミトレイン酸	16	1	9	7	$CH_3(CH_2)_5CH{=}CH(CH_2)_7COOH$	動植物油
オレイン酸	18	1	9	9	$CH_3(CH_2)_7CH{=}CH(CH_2)_7COOH$	動植物油
バクセン酸	18	1	11	7	$CH_3(CH_2)_5CH{=}CH(CH_2)_9COOH$	乳脂
エイコセン酸	20	1	11	9	$CH_3(CH_2)_7CH{=}CH(CH_2)_9COOH$	ナタネ油
エルカ酸	22	1	13	9	$CH_3(CH_2)_7CH{=}CH(CH_2)_{11}COOH$	ナタネ油
ネルボン酸	24	1	15	9	$CH_3(CH_2)_3CH{=}CH(CH_2)_{13}COOH$	魚油（特に青魚）
リノール酸	18	2	9, 12	6	$CH_3(CH_2)_4(CH{=}CHCH_2)_2(CH_2)_6COOH$	植物油
α-リノレン酸	18	3	9, 12, 15	3	$CH_3CH_2(CH{=}CHCH_2)_3(CH_2)_6COOH$	シソ油, アマニ油
γ-リノレン酸	18	3	6, 9, 12	6	$CH_3(CH_2)_4(CH{=}CHCH_2)_3(CH_2)_3COOH$	月見草油, カエデ
ジホモ-γ-リノレン酸	20	3	8, 11, 14	6	$CH_3(CH_2)_4(CH{=}CHCH_2)_3(CH_2)_5COOH$	動物脂
アラキドン酸	20	4	5, 8, 11, 14	6	$CH_3(CH_2)_4(CH{=}CHCH_2)_4(CH_2)_2COOH$	動物脂 魚油, 海獣油
エイコサペンタエン酸 (EPA)	20	5	5, 8, 11, 14, 17	3	$CH_3CH_2(CH{=}CHCH_2)_5(CH_2)_2COOH$	魚油, 海獣油
ドコサヘキサエン酸 (DHA)	22	6	4, 7, 10, 13, 16, 19	3	$CH_3CH_2(CH{=}CHCH_2)_6CH_2COOH$	魚油, 海獣油

```
   H    H    H    H    H    H    H    H    H    H   H   H   H   H   H   H   H
   |    |    |    |    |    |    |    |    |    |   |   |   |   |   |   |   |
H—C18—C17—C16—C15—C14—C13—C12—C11—C10—C9—C8—C7—C6—C5—C4—C3—C2—C1OOH
   |    |    |    |    |    |    |    |    |    |   |   |   |   |   |   |   |
   H    H    H    H    H    H    H    H    H    H   H   H   H   H   H   H   H
```

図 1.3　ステアリン酸の化学式

```
   H    H    H    H    H    H    H    H              H   H   H   H   H   H   H
   |    |    |    |    |    |    |    |              |   |   |   |   |   |   |
H—C18—C17—C16—C15—C14—C13—C12—C11—C10=C9—C8—C7—C6—C5—C4—C3—C2—C1OOH
   |    |    |    |    |    |    |    |    |    |   |   |   |   |   |   |   |
   H    H    H    H    H    H    H    H    H    H   H   H   H   H   H   H   H
```

図 1.4　オレイン酸の化学式

肪酸という．天然の脂肪酸中には 1〜6 個の二重結合が存在しており，二重結合を 1 つだけ分子中に有する脂肪酸を一価不飽和脂肪酸（モノ不飽和脂肪酸），2 つ以上のものを高度不飽和脂肪酸または多価不飽和脂肪酸と呼ぶ．天然の脂肪酸の二重結合の場所には規則性があり，二重結合の位置が異なると，同じ炭素数，二重結合を有する脂肪酸であっても，性質や呼称が異なる．なお，天然由来脂肪酸中の二重結合はシス型二重結合がほとんどである．

これら不飽和脂肪酸の二重結合の位置は2つの記し方があり，化学的にはカルボキシル基（COOH）の炭素から数えて何番目の炭素に位置しているかで表わす．図1.4，図1.5のようにオレイン酸の場合は9番目，リノール酸は9番目と12番目であり，α-リノレン酸は9, 12, 15番目にそれぞれ二重結合がある．また，γ-リノレン酸は，α-リノレン酸と炭素数，および二重結合数が同じであるにもかかわらず二重結合位置は6, 9, 12番目であり，異なった脂肪酸種となる．

オレイン酸，リノール酸は，動植物油に広く見出される代表的な不飽和脂肪酸である．さらに二重結合数が多い4〜6個の高度不飽和脂肪酸は，魚油や海獣油脂中に特徴的に多く存在する．

栄養学的には他の脂肪酸表記方法がある．すなわち，脂肪酸のメチル基末端をn-（もしくはω）位とし，これを用いて表す方法である．

動物の体の中には飽和脂肪酸を合成した後，二重結合を脂肪酸構

```
  H   H   H   H   H           H          H  H  H  H  H  H  H
  |   |   |   |   |           |          |  |  |  |  |  |  |
H—C18—C17—C16—C15—C14—C13=C12—C11—C10=C9—C8—C7—C6—C5—C4—C3—C2—C1OOH  (a)
  |   |   |   |   |   |   |   |   |   |  |  |  |  |  |  |  |
  H   H   H   H   H   H   H   H   H   H  H  H  H  H  H  H  H

  H   H           H           H          H  H  H  H  H  H  H
  |   |           |           |          |  |  |  |  |  |  |
H—C18—C17—C16=C15—C14—C13=C12—C11—C10=C9—C8—C7—C6—C5—C4—C3—C2—C1OOH  (b)
  |   |   |   |   |   |   |   |   |   |  |  |  |  |  |  |  |
  H   H   H   H   H   H   H   H   H   H  H  H  H  H  H  H  H

  H   H   H   H   H           H          H        H  H  H  H
  |   |   |   |   |           |          |        |  |  |  |
H—C18—C17—C16—C15—C14—C13=C12—C11—C10=C9—C8—C7=C6—C5—C4—C3—C2—C1OOH  (c)
  |   |   |   |   |   |   |   |   |   |  |  |  |  |  |  |  |
  H   H   H   H   H   H   H   H   H   H  H  H  H  H  H  H  H
```

図1.5　(a) リノール酸，(b) α-リノレン酸，(c) γ-リノレン酸の構造

造中へ導入する酵素が存在し，これを不飽和化酵素（ディサチュラーゼ）という．動物体内には，Δ9 不飽和化酵素，Δ6 不飽和化酵素，Δ5 不飽和化酵素などの不飽和化酵素が存在し，体内で脂肪酸の二重結合数や二重結合存在位置を変えることができる．例えばΔ9 不飽和化酵素は，カルボキシル基（COOH）の炭素から数えて9 番目と 10 番目の炭素－炭素間に二重結合を導入する酵素である．この酵素により，ステアリン酸（C_{18}）から一価不飽和脂肪酸であるオレイン酸を合成することができる．オレイン酸に導入された二重結合位置は，メチル基末端より 9 番目と 10 番目の炭素－炭素間である．（この場合，結果的にたまたまカルボキシル基側から数えた位置と一緒になる．）このような脂肪酸を n−9 系列（ω9 系列）の脂肪酸と呼ぶ．そのため，オレイン酸は C18:1n−9（もしくは 18:1n−9）と略称で表記されることがある．この際，「18」は脂肪酸を構成する炭素数，「1」は脂肪酸分子内に存在する二重結合数，「n−9」はメチル基から数えて最初に二重結合が存在する炭素の位置を意味する．ところが，動物にはリノール酸の 12 番目の炭素に位置する二重結合を導入するΔ12 不飽和化酵素や，さらに，α−リノレン酸の 15 番目に位置する二重結合を導入する Δ15 不飽和化酵素が備わっていない．そのため，これら脂肪酸を体内で合成することができない．リノール酸の 12 番目の位置に二重結合が導入されると，結果的にメチル基末端より 6 番目と 7 番目の炭素－炭素間に導入されたことになる．したがって，リノール酸は n−6 系列（ω 6 系列）の脂肪酸と呼ばれる．なお，リノール酸を略称表記すると，C18:2n−6（もしくは 18:2n−6）となる．同様の考え方をすると，α−リノレン酸の 15 番目に位置する二重結合は，メチル基末端より 3 番目と 4 番目の炭素−炭素間にあることとなり，結果的に α−リノレン酸は C18:3n−3（もしくは 18:3n−3）と表記でき，これを n−3 系列

（ω3 系列）の脂肪酸と呼ぶ（図 1.6）.

先の図 1.5 に記したように，不飽和脂肪酸の二重結合存在位置には特徴がある．すなわち，二重結合と二重結合に挟まれた場所には必ずメチレン基（$-CH_2-$）が位置し，決して二重結合が連続することはない（共役することはない）．そのため，メチル基末端から数えて二重結合が最初に位置する炭素番号だけを指定できれば，略称中には脂肪酸を構成する総炭素数，二重結合数が記されているため，この法則に従い脂肪酸の構造を表すことができる．

動物は，体内で不飽和脂肪酸の鎖延長反応（脂肪酸の炭素鎖をカルボキシル基側に 2 つ増やす反応）と不飽和化反応を繰り返し，体

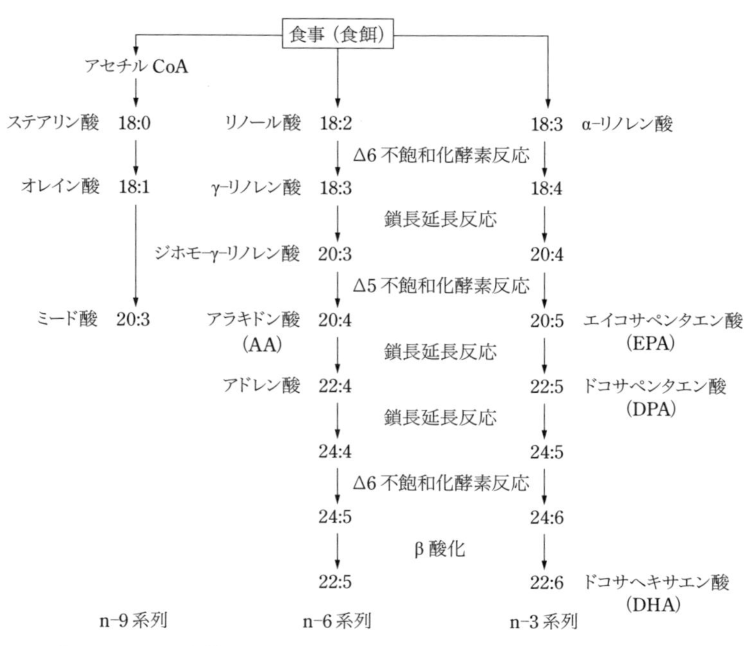

図 1.6　n-9 系列，n-6 系列，n-3 系列不飽和脂肪酸の体内合成経路

$$CH_3—CH_2—CH_2 \cdots\cdots CH_2—C \equiv C—CH_2 \cdots\cdots CH_2—COOH$$

図 1.7　タリリン酸

内で要求される脂肪酸の構造を自在に合成している．この際，n-6系列からはn-6系列の不飽和脂肪酸種しか合成されず，n-3系列からはn-3系列の脂肪酸種しか合成されない．n-6系列の不飽和脂肪酸種やn-3系列の不飽和脂肪酸種は，動物の恒常性維持に必要な局所ホルモンの合成原材料であるため，食事（食餌）から体内に取り込む必要がある．動物体内ではこれら脂肪酸は一から合成することはできない．このようなことから，n-6系列のリノール酸とn-3系列のα-リノレン酸を必須脂肪酸と呼ぶ．

アルキル基の不飽和結合は通常二重結合であるが，非常に特殊な例で三重結合も見出されている．三重結合はさらに水素原子2個が少なく，隣の炭素原子同士が三重に結合したものである（図1.7）．

通常の動植物油脂の場合，炭素数は18個以下，二重結合の数は3個以下のものが大部分であって，オレイン酸は動物油，植物油中に広くかつ大量に存在し，リノール酸は植物油に多く，α-リノレン酸，γ-リノレン酸も植物油に見出される．二重結合4～6個の高度不飽和脂肪酸は魚介類やブタ肝臓中に多く含まれる．

(3)　その他の脂肪酸

以上述べた脂肪酸は油脂，ロウの成分として知られる一般的なものであるが，このほかヒドロキシ酸，分枝脂肪酸，共役脂肪酸などがある．

リシノール酸はヒドロキシ酸の代表的なもので，ヒマシ油のなかに90％前後含まれており，オレイン酸の12番目の炭素に水酸基（OH）が結合したものである（図1.8）．この水酸基があるためにヒマシ油は他の油と異なり，エタノールなどの有機溶媒にも溶け，食用には使用できないが工業的に広く利用される．

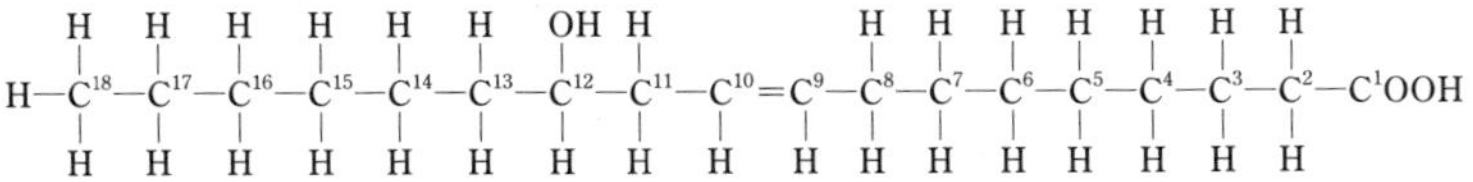

$$
\begin{array}{ccccccccccccccccccc}
 & H & H & H & H & H & H & OH & H & & & H & H & H & H & H & H & H & \\
 & | & | & | & | & | & | & | & | & & & | & | & | & | & | & | & | & \\
H- & C^{18}- & C^{17}- & C^{16}- & C^{15}- & C^{14}- & C^{13}- & C^{12}- & C^{11}- & C^{10}= & C^{9}- & C^{8}- & C^{7}- & C^{6}- & C^{5}- & C^{4}- & C^{3}- & C^{2}- & C^{1}OOH \\
 & | & | & | & | & | & | & | & | & | & | & | & | & | & | & | & | & | & \\
 & H & H & H & H & H & H & H & H & H & H & H & H & H & H & H & H & H &
\end{array}
$$

図 1.8　リシノール酸の構造

$-CH=CH-CH_2-CH=CH-CH_2-$　　(a)　非共役型

$-CH=CH-CH=CH-CH=CH-$　　(b)　共役型

図 1.9　脂肪酸中の二重結合配置

$$\overset{18}{C}H_3-\overset{17}{C}H_2-\overset{16}{C}H=\overset{15}{C}H-\overset{14}{C}H_2-\overset{13}{C}H=\overset{12}{C}H-\overset{11}{C}H_2-\overset{10}{C}H=\overset{9}{C}H-(CH_2)_7-\overset{1}{C}OOH \quad (a)$$

$$CH_3-CH_2-CH_2-CH-CH=CH-CH=CH-CH=CH-(CH_2)_7-COOH \quad (b)$$

図 1.10　α-リノレン酸（a）とエレオスアリン酸（b）の構造

共役脂肪酸は不飽和脂肪酸の一種で，二重結合の位置が共役化したもの（図 1.9）で反応性が高い．すなわち，α-リノレン酸の二重結合はカルボキシル基（COOH）の炭素から数えて 9 番目，12 番目，15 番目の炭素に位置するのに対し，エレオステアリン酸は 9 番目，11 番目，13 番目の炭素に二重結合が位置し（図 1.10），図 1.9 のような共役型をとる．桐油のなかに 85％程含まれるエレオステアリン酸はその代表的脂肪酸で，この脂肪酸の存在により桐油は乾燥性が極めて高く，塗料用の油脂として重要なものとなる．

1.1.2　アルコール

油脂がグリセリン 1 分子と脂肪酸 3 分子がエステル結合した構造体であることは，先に述べた．グリセリンは代表的な多価アルコールで，3 つの水酸基（OH）を分子内に有し，セッケン製造や脂肪酸製造の副産物として得られる（図 1.11）．

グリセリンは無色粘稠の液体で甘味があり，吸湿性が大きく，医薬，爆薬，化粧品など広く工業用原料として使用されている．グリセリン以外の，アルコールと脂肪酸が結合してできたエステルも広く自然界に存在する．例えば，動物の皮膚，毛，植物の果実，葉などの表面に分泌し，生体を保護する働きをするものを一般にロウ

$$
\begin{array}{ccccc}
\begin{array}{l}
\quad\ \mathrm{H} \\
\quad\ | \\
\mathrm{H-C-OC(O)R_1} \\
\quad\ | \\
\mathrm{H-C-OC(O)R_2} \\
\quad\ | \\
\mathrm{H-C-OC(O)R_3} \\
\quad\ | \\
\quad\ \mathrm{H}
\end{array}
& + \ \mathrm{H_2O} \longrightarrow &
\begin{array}{l}
\quad\ \mathrm{H} \\
\quad\ | \\
\mathrm{H-C-OH} \\
\quad\ | \\
\mathrm{H-C-OH} \\
\quad\ | \\
\mathrm{H-C-OH} \\
\quad\ | \\
\quad\ \mathrm{H}
\end{array}
& + &
\begin{array}{l}
\mathrm{R_1COOH} \\
\mathrm{R_2COOH} \\
\mathrm{R_3COOH}
\end{array}
\end{array}
$$

油脂（トリグリセライド）　水　グリセリン　脂肪酸

図 1.11　油脂の加水分解

表 1.3　代表的アルコール

名　称	化学式
〈一価アルコール〉	
セチルアルコール	$C_{16}H_{33}OH$
オクタデシルアルコール	$C_{18}H_{37}OH$
アラキルアルコール	$C_{20}H_{41}OH$
カルナービルアルコール	$C_{24}H_{49}OH$
セリルアルコール	$C_{26}H_{53}OH$
ミリシルアルコール	$C_{30}H_{61}OH$
〈多価アルコール〉	
グリセリン	$C_3H_8O_3$
カニールアルコール	$C_{10}H_{18}O_2$
コクセリルアルコール	$C_{30}H_{62}O_2$
〈環状アルコール〉	
コレステロール	$C_{27}H_{46}O$
カンペステロール	$C_{28}H_{48}O$
β-シトステロール	$C_{29}H_{50}O$

（蝋，ワックス）と呼ぶが，これは，長鎖アルコールと長鎖脂肪酸のエステル体である．これらのロウはツヤ出し剤，ラッカーなどに使用される（例えばカルナウバロウ）．表1.3には代表的なアルコールを示した．

1.1.3 トリグリセライド

(1) トリグリセライドの性質と種類

油脂はトリグリセライドのことである．トリグリセライドは，構成される脂肪酸の種類，脂肪酸のグリセリンへの結合位置の違いなどにより，栄養的，物理的，化学的性質が異なってくる．例えば，3つの脂肪酸のうち2つ以上が飽和脂肪酸であれば，そのトリグリセライド（油脂）は融点が高く，常温で固形であるため一般に固形脂と呼ばれる．これらは，牛脂，豚脂，ヤシ油，硬化油などの主成分である．また3つの脂肪酸のうち2つ以上が不飽和脂肪酸であれば，その油は常温で液状を呈し，液状油と呼ばれる．このようなトリグリセライドは，大豆油，ナタネ油，綿実油，ゴマ油，トウモロコシ油（コーン油）など植物性液状油の成分である．しかし，油脂の状態は季節によって異なり，冬は固形，夏は液状になる場合もある（例えばオリーブ油）．したがって，このような分類は必ずしも厳密なものではない．

高度不飽和脂肪酸を多く結合するトリグリセライドは酸化しやすく，中には熱をかけると変質（重合）するものもある．このようなトリグリセライドは塗料に使用され，アマニ油，桐油，エノ油などがある．一方，ヤシ油，牛脂などのように飽和脂肪酸の比較的多い油は，酸化にも加熱にも安定である．このように，酸化重合しやすい油，つまり乾燥しやすい油を乾性油，乾燥しにくい油を不乾性油と呼ぶことがある．そしてその中間に半乾性油と呼ばれる油があ

油脂
- 乾 性 油（液状油）……桐油，オイチシカ油，アマニ油，サフラワー油，エノ油など
- 半乾性油（液状油）……大豆油，綿実油，ナタネ油，コメ油，ヒマワリ油，トウモロコシ油（コーン油），ゴマ油など
- 不乾性油
  - 液状油……オリーブ油，落花生油，椿油など
  - 固形脂……ヤシ油，パーム油，牛脂，豚脂，硬化油など

図 1.12　油脂の分類

り，このような油脂としてはトウモロコシ油（コーン油），綿実油，ゴマ油，大豆油などがある（図 1.12）．

植物性食用油は比較的リノール酸が多く，一般に液状で，しかも保存中に酸化劣化（変敗）が少ないため食用油として重要である．これらの多くは半乾性油に属する．

(2)　トリグリセライドの構造と異性体

先にも示したように，トリグリセライドは1分子のグリセリンと，3分子の脂肪酸がエステル結合した構造体である．グリセリンには3つのヒドロキシル基が存在するが，真ん中に位置するヒドロキシル基は2級アルコールであり，両端の2つのヒドロキシル基は1級アルコールである．我々は油脂を食事から摂取すると，十二指腸で膵臓リパーゼ（pancreatic lipase）と呼ばれる酵素により，トリグリセライドを脂肪酸とモノグリセライドに分解する．この際，膵臓リパーゼにより1級アルコールに結合した脂肪酸は加水分解反応を受けるが，2級アルコールに結合した脂肪酸は加水分解されない．その結果として，モノグリセライド（2-モノグリセライド）が生成するのである．このように，我々の体はトリグリセライド中の脂肪酸結合位置を認識している．

トリグリセライド中のグリセリン骨格の1級アルコールを α 位，2級アルコールを β 位として区別することがある．トリグリセライドの構造を Fischer 投影図を用いて記すと，図 1.13（右）のように

なる．この際，上と下に位置する脂肪酸（すなわちα位に結合する脂肪酸）の種類が異なると，グリセリン骨格の中心に位置する炭素に結合する4つの原子および原子団がすべて異なるため，この炭素は不斉炭素原子となる．したがって，同じα位であっても，図1.13の上の結合位置と下の結合位置は区別しなくてはいけなくなる．一般に，上の結合位置を*sn*-1位（*sn*は stereospecific number の略称），下の結合位置を*sn*-3位と呼ぶ．これに合わせてβ位を*sn*-2位と呼ぶ．我々が油脂（トリグリセライド）を摂取したとき，一番最初に分解を受けるのは胃の中で，ここには胃リパーゼ（gastric lipase）と呼ばれる酵素が存在する．この酵素は膵臓リパーゼほど徹底的にトリグリセライドを加水分解することはないが，一部のトリグリセライドはここで加水分解反応を受ける．胃リパーゼは，優先的に*sn*-3位に結合する脂肪酸を加水分解することが報告されており，このことより生体は，同じα位であっても*sn*-1と*sn*-3位を区別していることがわかる．このように，生体はトリグリセライド中の3つの結合位置を異なるものと認識するため，トリグリセライドの構造を考える際，この点を意識する必要がある．

このように結合位置を区別すると，仮に脂肪酸「A」，「B」，「C」が1分子ずつ結合するトリグリセライドであっても，様々な異性体

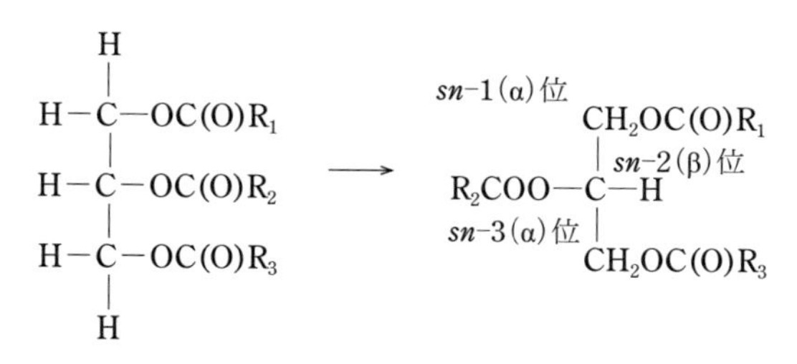

図 1.13 トリグリセライドの構造と結合位置

が存在することがわかる（図 1.14）．

例えば，結合位置を区別しない場合は，トリグリセライドはAとBとCの脂肪酸により構成されているわけであるから，このトリグリセライドを脂肪酸の組み合わせを用いて「ABC」と記す．α位とβ位を区別するときは，β位に結合する脂肪酸が，Aの場合，

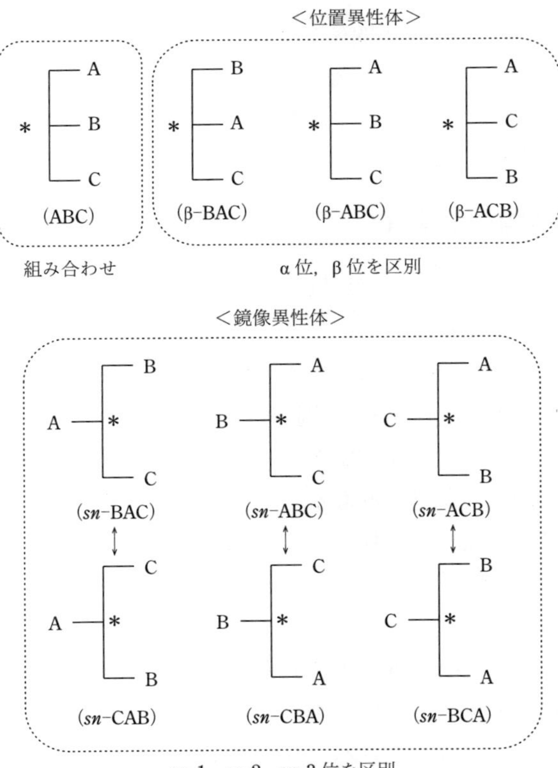

図 1.14　トリグリセライドにA, B, Cという3種類の脂肪酸が1つずつ結合した際に考えられる異性体の構造

Bの場合，Cの場合と3種類存在することになる．したがって，このような場合は，β位の脂肪酸を固定するという意味で，β-BAC，β-ABC，β-ACBのように区別する．つまり3種類のトリグリセライド異性体が存在することになる．このような異性体を位置異性体と呼ぶ．さらに，*sn*-1位，*sn*-2位，*sn*-3位を区別する場合，もっと多くの異性体が存在することとなる．このように結合位置を区別した場合は鏡像異性体の関係が発生し，脂肪酸の略称の前に*sn*-を付ける．したがって，この場合，*sn*-BAC，*sn*-CAB，*sn*-ABC，*sn*-CBA，*sn*-ACB，*sn*-BCAの6種類が存在することになる．

1.2 油脂の種類

油脂は単位重量当たりのカロリーが9 kcal/gと，他の栄養素である炭水化物（4 kcal/g）やタンパク質（4 kcal/g）より高いため，貯蔵エネルギー形態に適していると考えられる．そのため，油脂は植物の種子や動物の体組織（体脂肪）などにカロリー源として広く存在している．これら動植物性油脂の性質は，動植物の種類，採取する部位によって大きく異なる．

油脂の分類法として，採油する原料から分類すると次のようになる．

〈植物油脂〉

種子油……大豆油，ナタネ油，アマニ油，ヒマワリ油など

果実油……パーム油，オリーブ油など

核　油……ヤシ油，パーム核油など

胚芽油……コメ油，トウモロコシ油（コーン油）など

〈動物油脂〉

動物脂……牛脂，豚脂，羊脂など

海産動物油脂……イワシ油，ニシン油など

乳　脂……乳脂肪（バター）など

油脂は種々の脂肪酸で構成されているが，油脂を構成する脂肪酸の組成によって分類することもできる．例えば，パーム樹の果実から得られるパーム油はオレイン酸，パルミチン酸，リノール酸から構成されているが，その果実の核から得られるパーム核油はラウリン酸を主成分としている．また，ヤシの核から得られるヤシ油もラウリン酸を多く含み，パーム核油とともにラウリン系油脂と呼ばれている．オリーブ油，椿油などはオレイン酸を主体としており，オレイン系油脂と呼んでいる．このように，脂肪酸組成によってこれらを分類すると次のようになる．

ラウリン系……ヤシ油，パーム核油

オレイン系……オリーブ油，椿油

リノール系……ヒマワリ油，サフラワー油

リノレン系……アマニ油

また，既に述べたように，油脂の性質によって“乾性油”，“半乾性油”，“不乾性油”に分類することもある（図 1.12）．

さらに油脂は，常温で「液体」のものと，「固体」のものとに大別できる．一般に常温で液体の場合，その油脂を「油」と記し，固体の場合を「脂」と記す．したがって，次項では植物から採取される油脂について説明しているが，「植物油」と「植物脂」に分けて整理した．

1.2.1 植物油

主な植物油脂の脂肪酸組成を表 1.4 に示す．

表 1.4 主な植物油の脂肪酸組成（%）

脂肪酸	カプリル酸	カプリン酸	ラウリン酸	ミリスチン酸	パルミチン酸	パルミトレイン酸	ステアリン酸	オレイン酸	リノール酸	リノレン酸	アラキジン酸	エイコセン酸	ベヘン酸	エルカ酸	リグノセリン酸
炭素数：二重結合数	8:0	10:0	12:0	14:0	16:0	16:1	18:0	18:1	18:2	18:3	20:0	20:1	22:0	22:1	24:0
アマニ油					4〜9	0〜1	2〜5	20〜35	5〜20	30〜58	0〜1	0〜1			
サフラワー油					4〜8	0〜1	1〜4	8〜25	60〜80	0〜1					
ヒマワリ油					3〜8		2〜5	15〜35	50〜75	0〜1					
大豆油					5〜12		2〜7	20〜35	50〜57	3〜8	0〜1	0〜1			
トウモロコシ油（コーン油）					7〜13		2〜5	25〜45	40〜60	0〜3	0〜1				
落花生油			0〜2		6〜13		2〜7	35〜70	20〜40	0〜1	1〜5	0〜2	1〜3	0〜1	1〜3
綿実油				0〜3	20〜30	0〜2	1〜5	15〜30	40〜52		0〜1				
ゴマ油					7〜12		3〜6	35〜46	35〜48	0〜2	0〜1				
コメ油				0〜1	11〜21	0〜1	1〜3	35〜50	25〜40	0〜1	0〜1				
ナタネ油					1〜4	0〜1	0〜2	56〜62	15〜24	7〜11		1〜2		0.5〜2	
オリーブ油					7〜15	1〜3	1〜3	70〜85	4〜12	0〜1	0〜1				
パーム油				1〜3	35〜48		3〜7	37〜50	7〜11						
パーム核油	3〜5	3〜7	44〜55	10〜17	6〜10		1〜7	1〜17	0〜2						
ヤシ油	6〜10	4〜12	45〜52	15〜22	4〜10		1〜5	2〜10	1〜3						

(1) 大豆油

大豆（含油量 18〜20%）から抽出法で採油される．大豆の主産地は米国，ブラジルで，主な脂肪酸はリノール酸，オレイン酸，パルミチン酸および α-リノレン酸で，食用油として広く使用されている．半乾性油であるが，さらに加工してペイント，油ワニスなど工業用原料としても使用される．

(2) ナタネ油

ナタネ（含油量 38〜40%）から圧抽法で採油される．日本では古来から食用油として重要なもので，安定性が高く，凝固点が低いなどの特徴がある．

ナタネの産地はインド，中国，カナダ，欧州である．日本は大部分の原料をカナダから輸入している．これは，古来からのナタネにはエルカ酸（表1.2）という脂肪酸が多く含まれるが，動物実験によりエルカ酸は心臓機能へ影響を与えるという研究結果が出てからは，エルカ酸含有量が2%以下の，カナダで生まれたキャノーラと呼ばれる品種改良品を採油原材料として使用するようになったためである．ナタネ油の脂肪酸組成は，飽和脂肪酸が比較的少なく，オレイン酸，リノール酸，α-リノレン酸が多い．

(3) 綿実油

綿実（含油量15〜25%）から採油される．主産地は米国，インド，中米，アフリカで，主たる脂肪酸はリノール酸，パルミチン酸，オレイン酸である．主に食用油として使用される．綿実油はパルミチン酸が多いため，清澄な油にするために冷却し，固形分を取り除く処理が施される．これをウインタリング処理と呼び，このような油をウインターオイルと呼ぶ．これに対し，固形分を除かないものをサマーオイルと呼ぶ．

(4) コメ油

米ぬか（含油量15〜21%）から採油される．米ぬかはリパーゼを含むため油脂の加水分解が起こりやすい．その結果，油脂中に遊離脂肪酸が多く発生しやすい油である．そのため，精米後得られた米ぬかはできるだけ早く搾油へ供する．主たる脂肪酸はオレイン酸，リノール酸，パルミチン酸で，その他ロウ分が存在し，低温で曇りやすい．

(5) トウモロコシ油（コーン油）

トウモロコシの胚（含油量33〜40%）から採油され，主産地は米国である．主たる脂肪酸はオレイン酸，リノール酸，パルミチン酸である．

(6) ゴ マ 油

ゴマ種子（含油量 45～55％）から採油されるが，主にゴマを炒ってから搾油される．その独特の香気は中華料理，天ぷらなどの油として好まれる．外国では炒らずに採油に供し，その後，精製して食用に使用する．主な脂肪酸はオレイン酸，リノール酸，パルミチン酸である．なお，ゴマ油にはセサモールという天然抗酸化性物質が存在するため酸化安定性が高い．

(7) 落花生油

落花生（含油量 40～50％）から採油される．生産地は，地中海沿岸，中国，熱帯地方，米国で，オレイン酸，リノール酸，パルミチン酸が主たる脂肪酸である．その他にも炭素数 20～24 の脂肪酸を少量含有し，低温で曇りやすい油である．

(8) ヒマワリ油

ヒマワリの種子（含油量 40～45％）から採油される．主な脂肪酸はリノール酸，オレイン酸で，特にリノール酸が多い．ロシア，オーストラリア，東欧諸国，米国で生産されている．

(9) サフラワー油

サフラワー種子（含油量 38～40％）から採油される．元々のサフラワー油は，オレイン酸を 20％，リノール酸を 70％程度含有し，リノール酸含量が多いことから乾燥性が高く，工業用原料としても使用されてきた．しかし品種改良により，ハイオレイックサフラワー油（オレイン酸 70％以上）なども流通している．

(10) 椿　　油

ツバキの実から採油される．わが国特産で，九州，伊豆諸島が主産地である．オレイン酸が主な脂肪酸で代表的な不乾燥性の油脂であり，頭髪油として賞用される．

(11) オリーブ油

オリーブ樹の果実（含油量 40〜60%）から採油する．緑がかった淡黄色で特有の香気があり，精製（脱臭）せず食用に供されることが多い（バージンオリーブ油）．産地は地中海沿岸で，主な脂肪酸はオレイン酸である．安定性が高く，乾燥性が低いため，頭髪用，薬用にも使用される．

(12) アマニ油

アマの種子（含油量 35〜40%）から採油される．α-リノレン酸，リノール酸を主たる脂肪酸とし，ペイント，油ワニス，印刷インキ，リノリウムなど工業用に広く用いられてきた．近年は n-3 系列のα-リノレン酸を特徴的に多く含むことから機能性油脂としても注目を浴びている．主産地はロシア，米国，カナダ，アルゼンチンなどである．

(13) 桐　　油

アブラギリの種子（含油量 35〜40%）から採油される．共役脂肪酸であるエレオステアリン酸（図 1.10（b））を 80% 以上含む点が特徴である．乾燥性はアマニ油に比べて著しく優れ，特殊なペイント，ワニス，ボイル油などに使用されるが，通常，アマニ油や大豆油と混合して用いられる．

(14) ヒマシ油

ヒマの種子（含油量 60%）から採油される．代表的なヒドロキシ酸であるリシノール酸が主たる脂肪酸である．ヒドロキシル基が存在するため分子間で水素結合しやすく，他の油と異なり粘度が高い．石油エーテルに難溶でエタノールに溶ける．食用にはならないが，潤滑油のほか，ロート油，頭髪用，医薬用の油として用いられる．使用後の天ぷら油を固化させ廃棄する廃油処理剤の主成分としても使用されている．

1.2.2 植 物 脂

(1) ヤ シ 油

ココヤシ樹の実の核を乾燥したもの（これをコプラという．含油量55〜65％）から採油される．ラウリン酸，ミリスチン酸，カプリン酸など低中級脂肪酸が主たる脂肪酸で，セッケン原料として優れている．また，酸化安定性が高く，融点が24〜27℃で口どけが良いため，製薬用油脂，コーティングオイルとしても広く用いられている．さらに，還元によりC_8やC_{12}のノルマルアルコールを製造する際の原料としても重要である．

(2) パーム油

パーム樹の果実の油であって，房（これをバンチという．含油量16〜20％）ごと加圧蒸煮し，圧搾採油する．圧搾粕は繊維質が多く，工場で燃料に用いる．オレイン酸，パルミチン酸，リノール酸が主な脂肪酸で，産地はマレーシア，インドネシア，西アフリカである．融点は30〜50℃でカロテンを多く含む（0.05〜0.2％）．酵素作用で加水分解しやすいため，採果後できるだけ早く搾油する必要がある．従来，脂肪酸工業原料，セッケン原料として用いられていたが，近年は，食用油脂としての消費が大幅に増えている．

(3) パーム核油

パームの果実の核（含油量40〜50％）の油で，パーム油を搾油するときに副生する核を圧搾抽出する．ラウリン酸，ミリスチン酸，オレイン酸のほか少量のカプリン酸，カプリル酸を含む．性状，用途はヤシ油に酷似する．

(4) カカオ脂

カカオ豆を圧搾して採油し，圧搾ケーキはココアの原料となる．主な脂肪酸はパルミチン酸（P），ステアリン酸（S），オレイン酸（O）である．含有する70％以上のトリグリセライドがβ-POP, β-POS, β-SOS の構造をとり，融点は35～36℃で体温に近く，しかも融点範囲が狭いため，優れた口どけを示す．ココアの香味をもち，菓子類の製造に多く用いられる．主産地はアフリカ西海岸，南米，インドなどである．

(5) ハゼロウ（木ロウ）

ハゼの実の果皮から圧搾採油する．約90％のパルミチン酸と約2％の二塩基酸（日本酸）とからなり，融点は52～54℃で高い．二塩基酸のジエステル，モノパルミチン，グリセライドが存在するためロウと同様の物性をもつことから，木ロウとも呼ばれる．ツヤ出し剤，パラフィン紙，ろうそく，化粧品などに使用される．

1.2.3 魚　　油

1900年代，魚油は国内産の主要な油脂であり，しかも唯一輸出力をもつ油脂であった．採油する魚種としてはイワシ，サバ，サンマ，タラ，カレイなどであった．1990年（平成2）の魚油生産量は

表 1.5 主な動物脂と魚油の脂肪酸組成（%）

脂肪酸	酪酸	カプロン酸	カプリル酸	カプリン酸	ラウリン酸	ミリスチン酸	パルミチン酸	パルミトレイン酸	ステアリン酸	オレイン酸	リノール酸	リノレン酸	エイコセン酸	アラキドン酸	エイコサペンタエン酸	セトレイン酸	ドコサヘキサエン酸
炭素数：二重結合数	4:0	6:0	8:0	10:0	12:0	14:0	16:0	16:1	18:0	18:1	18:2	18:3	20:1	20:4	20:5	22:1	22:6
牛乳脂肪	2～5	1～3	1～3	1～4	2～5	7～11	24～29	1～2	7～13	30～40	2～4	1～2					
豚脂						1～2	24～33	2～3	8～15	40～60	7～12						
牛脂						2～8	24～35	1～3	14～30	30～50	1～5						
イワシ油					0.1	7.9	21.0	11.1	5.4	16.7	3.1	1.2*	2.4	0.6	15.8	0.3	8.4
サンマ油						8.4	10.7	4.4	1.7	7.0	1.3		19.7**		4.9	22.2	10.5
サバ油						5.6	15.4	5.3	3.1	18.7	1.1		10.8	0.8	8.1	10.8	10.6

*$C_{20:0}$ を含む、**$C_{18:3}$ を含む.

約42万トンで，そのうちイワシ油が38万トンを占めていた．ところが平成に入ってから国内魚油生産量は激減し，その多くを輸入に頼るようになっている．例えば，2016年（平成28）の魚油生産量は約6万トンで，一方，魚油輸入量は約20万トンであった．

動物脂と魚油の脂肪酸組成を表1.5に示したが，いずれも高度不飽和脂肪酸を多く含んでいる．近年，EPA（エイコサペンタエン酸），DHA（ドコサヘキサエン酸）が有する保健機能は注目を集めており，特にEPAは血中中性脂肪低下薬の原材料として使用されている．また，DHA含有量を高めた魚肉ソーセージは特定保健用食品として販売されている．

1.2.4 動 物 脂

(1) 豚脂（ラード）

国際食品規格では，豚の背，腹，ももなどの皮下脂肪組織や腎臓など特定の内臓の蓄積脂肪から分離したものを“ラード”と呼び，脂肪組織以外の骨，耳，臓器，皮などの脂肪が混ざったものを“レンダード・ポーク・ファット”と呼んでいる．豚の部位によってラードの性状には差がある．内臓の蓄積脂肪は融点が高く（34～40℃），ヨウ素価が低い（57～66）が，背，腹など皮下脂肪組織からのラードは融点が低く（27～30℃），ヨウ素価が高い（67～70）．ラードの主な脂肪酸は，オレイン酸，パルミチン酸，ステアリン酸，リノール酸などである．ラードはそのまま使用されることもあるが，風味の変質が早いため，多くの国では精製されて使用されている．物性面より，製菓，製パン，フライ用などに多く用いられる．品質の低いラードは，セッケン原料などに用いられている．主な産地は米国である．

(2)　牛脂（タロー）

国際食品規格では，牛の心臓，腎臓などから低温で融出した脂肪をプルミェジュ（premier-jus），また米国ではオレオストック（oleo stock）と呼び，牛の脂肪組織，付随筋肉および骨から融出した牛脂（ビーフ・タロー）を一般に“ヘット”と呼んで区別している．オレイン酸，パルミチン酸，ステアリン酸が主な脂肪酸で，豚脂に比べて飽和脂肪酸が多く，融点が高く（40～50℃），ヨウ素価が低い（42～48）．50℃以下の温度で圧搾して得られる油はオレオ油と呼ばれ，オレイン酸トリグリセライドが多く含まれる．残りの固形部はオレオステアリンと呼ばれ，パルミチン酸やステアリン酸のトリグリセライドが主成分である．オレオ油は上質品として食用，フライ用に使用され，オレオステアリンはセッケン原料，脂肪酸工業の原料に使用される．主産地は米国，オーストラリアである．

(3)　乳　　脂

牛乳（含油量3～4％）を遠心分離して脂肪分30～40％のクリームとして，またさらに加工してバターとして消費される．オレイン酸，パルミチン酸を主な脂肪酸とするが，特徴的に中・短鎖脂肪酸も含む．特に短鎖脂肪酸は乳の風味を特徴付ける成分の1つと考えられている．

1.3　油脂の化学的特徴とその意義

(1)　酸価（AV，Acid Value）　基準油脂分析試験法 2.3.1-2013

油脂1 g の中に含まれている遊離脂肪酸を中和するのに要する水酸化カリウムのmg数をいう．油脂はトリグリセライドからなるが，天然油脂ではトリグリセライドが分解して多少の遊離脂肪酸が生成している．その遊離脂肪酸の含有量の大小を示す値で，この数値が低いほど品質は良いと考えられる．一般に，原油の品質評価に重要な意味をもつ．

(2) けん化価（SV，Saponification Value） 基準油脂分析試験法 2.3.2.1-2013

油脂 1 g を完全にけん化するのに要する水酸化カリウムの mg 数をいう．アルカリで油をセッケンとグリセリンに分解することを「けん化」という．けん化価は脂肪酸の鎖長に関係があり，以下に示したように，油脂の鑑定に役立つ．

i) けん化価が約 190 の油は，ステアリン酸，オレイン酸，リノール酸など炭素数 18 の脂肪酸を含む（大豆油，綿実油など）

ii) けん化価が 200～210 の油は，炭素数 18 の脂肪酸のほかに炭素数 16 のパルミチン酸を含む（パーム油）

iii) けん化価が 240～250 の油は，主にラウリン酸，ミリスチン酸を含む（ヤシ油，パーム核油）

(3) ヨウ素価（IV，Iodine Value） 基準油脂分析試験法 2.3.4.1-2013

試料にハロゲンを作用させた場合，吸収されるハロゲンの量をヨウ素に換算し，試料 100 g に対する g 数で表したものをいう．一般に，油脂を構成する脂肪酸には二重結合が存在することを述べた．この二重結合は化学的に不安定で，酸化されたり，ヨウ素などと結合したりする．ヨウ素価はこの脂肪酸の不飽和結合の程度を示すものである．一般に，植物油でヨウ素価が 100 程度の油はオレイン酸を主成分とし不乾性油に属し，100～130 の油はオレイン酸，リノール酸を含有し，これを半乾性油と呼ぶ．130 以上の油はリノレン酸を含有することがあり，これを乾性油と呼ぶ．表 1.6 に主な脂肪酸とトリグリセライドのヨウ素価を示した．

表 1.6　主な脂肪酸，トリグリセライドのヨウ素価

二重結合の数	脂肪酸	脂肪酸のヨウ素価	トリグリセライドのヨウ素価
1	{オレイン酸 / エライジン酸}	90.07	86.20
2	リノール酸	181.42	173.58
3	リノレン酸	274.100	262.15

(4)　ヒドロキシル価　基準油脂分析試験法 2.3.6.2-2013

油脂 1 g の試料に含まれる遊離のヒドロキシル基をアセチル化するために必要な酢酸を中和するのに要する水酸化カリウムの mg 数をいい，油脂中の水酸基（ヒドロキシル基）の量を示す．トリグリセライドのみからなる油の水酸基価は 0 であるが，油脂の一部が加水分解モノグリセライドやジグリセライドを含むとき，および高級アルコールやヒマシ油などの不純物を含むとき重要な分析値となる．

(5)　ライヘルトマイスル価・ポレンスケ価　基準油脂分析試験法　参 1.3-2013

油脂中の揮発性脂肪酸の量を示す値で，ライヘルトマイスル価は水溶性揮発性脂肪酸，ポレンスケ価は揮発性水不溶性脂肪酸の量を示す．バター脂の検定に利用される．

(6)　過酸化物価（POV，Peroxide Value）

酢酸イソオクタン法　基準油脂分析試験法 2.5.2.1-2013

電位差滴定法　基準油脂分析試験法 2.5.2.2-2013

規定の方法により試料にヨウ化カリウムを加えたとき遊離されるヨウ素を試料 1 kg に対するミリ当量数で表したものをいう．過酸化物価は油の酸化の程度を示す値で，過酸化物は油と空気中の酸素との結合によってできるため，油の保存はできるだけ空気を遮断し

て行わなければならない.

(7)　カルボニル価（COV，Carbonyl Value）（ブタノール法）

基準油脂分析試験法 2.5.4.2-2013

試料に 2,4-ジニトロフェニルヒドラジンを作用させた場合に反応するカルボニル化合物量を試料 1 g 当たりの 2-デセナール相当量に換算したものをいう．分析法には多くの変法が提案されており，いずれもジニトロフェニルヒドラジン，チオバルビツール酸（TBA）などの試薬が油脂の変敗で生成したアルデヒドやケトン（カルボニル化合物）と反応し，着色することを利用して変敗の程度を知るものである．

油脂の過酸化物は比較的容易に分解してカルボニル化合物を生成し，油の酸敗臭の原因となると考えられ，極めて悪い条件で油脂を長期間保存した場合，過酸化物価はそれほど高くなくても風味の悪いことがある．このように酸化が進んでくると，過酸化物価だけで酸化の程度を議論することは困難で，官能テストによる風味，カルボニル価なども含めて総合的に判断する必要がある．

(8)　アニシジン価　基準油脂分析試験法 2.5.3-2013

試料に *p*-アニシジン（*p*-メトキシアニリン）を作用させた場合の 350 nm の吸光度 $E^{1\%}_{1cm}$ を 100 倍にしたものをいう．酢酸の存在下で油脂中のアルデヒドは *p*-アニシジンと反応し，黄色を呈する．黄色の度合はアルデヒドの含有量ばかりでなく，その化学構造に影響され，炭素鎖の二重結合がカルボニルと共役していると反応生成物の吸光係数は 4～5 倍になる．すなわち，2-アルケナールがアニシジン価に大きく寄与している．本法は，自動酸化油脂よりも高温で加熱された油脂の品質評価に適した試験法である．

(9)　AOM (Active Oxygen) 試験　基準油脂分析試験法 2.5.1.1-2013

試料油 20 mL を大型試験管にとり，一定温度（97.8 ± 0.2℃）で加熱しながら毎秒 2.3 mL の空気を吹き込み，一定時間後に過酸化物価を測定し，過酸化物価が 100 に到達するまでの時間を AOM 安定度（時間）として表す．通常，植物油の AOM 安定度は 13〜17 時間であるが，これは 13〜17 時間で過酸化物価が 100 になるということで，この時間が長いほど AOM 安定度は大きいということになる．油の種類によっては，過酸化物価が 20 に到達する時間で表すなど便法がある．

(10)　CDM (Conductmetric Determination Method) 試験　基準油脂分析試験法 2.5.1.2-2013

試料油脂を反応容器で加熱しながら，清浄空気を吹き込む．酸化により生成した揮発性分解物を水中に捕集し，水の誘電率が急激に変化する変曲点までの時間をいう．AOM 試験の場合，同じ試料油脂の試験管を過酸化物価の測定回数分だけ用意する必要があるが，CDM 試験の場合，1 種類の油脂を評価するために必要な試料量は 3 g である．

(11)　極性化合物（カラムクロマトグラム法）基準油脂分析試験法 2.5.5-2013

試料中の非極性化合物を定量し，その残部を極性化合物とみなして百分率で算出したものをいう．試料油脂 2.5 g をシリカゲルカラムに担持させ，ヘキサン-ジエチルエーテル（87:13, v/v）で非極性化合物を溶出させた後に，ジエチルエーテルで極性化合物を溶出させて，それぞれの重量を測定する．両画分の分離の確認は薄層クロマトグラフィーにより行う．

（12） 油脂重合物（ゲル浸透クロマトグラフ法） 基準油脂分析試験法 2.5.7-2013

高速液体クロマトグラフで分離した油脂重合物の試料に対する面積百分率をいう．ここでいう油脂重合物とは，クロマトグラムでトリグリセライドよりも早く溶出するピークをいう．

（13） オーブンテスト（官能法） 基準油脂分析試験法 参 1.6-2013

試料 50 g を 200 mL のビーカー（5 個）に秤量し，アルミ箔で覆う．これを 60℃の電気恒温器に入れて，一定時間（2 日）ごとに，ビーカーを 1 個ずつ取り出して放冷後に官能評価を実施する．1～5 点の 5 段階の点数（1 が最も劣化したもの）をつけ，点数が 3 に達するまでの日数をいう．

1.4 油脂の物理的特徴とその意義

（1） 色　　度

ヘリーゲ比色計，ロビボンド比色計などで求めた油の色をいう．純粋なトリグリセライドは無色であることから，色度の大きい油は色素成分（カロテノイド，クロロフィル系色素，トコフェロール，ゴシポールなど）が多いことを示している．製品油脂の色度は原料の種類，新鮮度でかなり違ってくるが，一般によく精製された油ほど色度は小さいといえる．

（2） 冷却試験

油を 0℃に冷却して 5 時間半で曇り（固形脂の析出）を生じないものを合格とするサラダ油の試験で，サラダ油やサラダ油から作られたマヨネーズを冷蔵庫に保存しても凝固分解しないように規定したものである．また脱ロウ（サラダ油製造で行われる固形分の除去工程）の程度を知る目安にもなる．通常，サラダ油は10時間以上曇りを生じない．

その1：基準油脂分析試験法 2.2.8.1-2013

加熱処理した試料を瓶に入れて密封し，0℃に一定時間保持したときの試料の状態を観察する．

その2：基準油脂分析試験法 2.2.8.2-1996

試料を瓶に入れて密封し，曇り点（油脂を徐冷して曇りの出始める温度のことで，液状植物油の場合－5～13℃程度である），凝固点などの目的の予想温度の約5℃高い温度に保持し，24時間ごとに曇り，あるいは凝固する状態を観察する．

(3)　融　　点

透明融点：基準油脂分析試験法 2.2.4.1-2013

試料を毛細管中で加熱した場合，完全に透明になる温度をいう．

上昇融点：基準油脂分析試験法 2.2.4.2-1996

試料を毛細管中で加熱した場合，軟化して上昇を始める温度をいう．

油脂の融点には上昇融点，透明融点が規定されているが，油脂は種々のトリグリセライドの混合物であるため，溶け始めと溶け終わりの間にかなりの温度差があることがある．また，同一の油脂でも結晶の生成条件で融点が違うことがあるため，測定条件を明示する必要がある．

(4)　凝固点（ダリカン法）　基準油脂分析試験法 2.2.5.1-1996

融解油脂が冷却されて凝固する際に，その発する融解潜熱による上昇温度の最高点，または静止温度（温度上昇の起こらない場合）をいう．

(5) 固体脂含量（SFC, Solid Fat Content） 基準油脂分析試験法 2.2.9-2013

液体油の NMR（核磁気共鳴法）シグナルの大きさに基づいた，所定温度における固体脂含量の百分率をいう．SFC は各温度における固体脂の量を知ることができるため，マーガリンやショートニングの温度に対する物性変化を調べるのに有効である．固体脂の量を表すものとして，従来は膨張法（ディラトメトリー法）による固体脂指数（SFI）が使用されていたが，測定に非常に手間がかかるため，最近では NMR による SFC が使用されている．SFI と SFC はほぼ同じものと考えてよい．SFC（SFI）がある温度で 40 以上あれば，それはその温度でかなり硬い状態であり，15〜30 でやや軟らかく，10 前後で非常に軟らかい．スプレッドマーガリンは冷蔵庫から取り出してパンなどにぬるときの延びをよくするため，SFC を適度に調整してある．SFC のタイプは口どけがシャープな縦型と，温度が変わっても硬さがあまり変わらなく保形性の良い横型に大別できる．

(6) 発 煙 点 基準油脂分析試験法 2.2.11.1-2013

油をクリーブランド開放式引火点試験機を用いて加熱するとき，油から煙が出始める温度が発煙点で，精製の程度を知る目安ともなる．よく精製された白絞油の発煙点は 230〜240℃である．

(7) 屈 折 率 基準油脂分析試験法 2.2.3-2013

定義：屈折計を用いて測定した場合，空気から試料中に入る光の正弦と屈折角の正弦の比をいう．

目的：油脂の純度測定などに用いられている．

方法：アッベ（Abbe）屈折計を用いて測定する．

(8) タイター

固体脂 タイター（その 1） 基準油脂分析試験法 2.2.6.1-2013

油脂　タイター（その2）　基準油脂分析試験法 2.2.6.2-2013

脂肪酸　タイター（その1）　基準油脂分析試験法 3.2.3.1-2013

脂肪酸　タイター（その2）　基準油脂分析試験法 3.2.3.2-2013

定義：試料をけん化分解して得た脂肪酸の凝固する温度（脂肪酸が試料のときは，脂肪酸の凝固する温度）.

目的：海外から輸入される動物脂の規格等に用いられている.

方法：油脂（固体脂）へ水酸化カリウムとグリセリンを加え，加熱してセッケンにする．その後，硫酸水溶液をセッケンに加え，完全に脂肪酸にしたのち，水相を分離して脂肪酸のみを得る．得られた脂肪酸を測定して値を得る．なお，試料が脂肪酸の場合は，加水分解操作は必要ない.

(9-1)　水分（蒸留法）　基準油脂分析試験法 2.1.3.1-2013

定義：試料をキシレンと蒸留したときの，流出分離した水の百分率.

目的：油脂中の水分含有率を測定する.

方法：水分蒸留装置中の蒸留フラスコにキシレンと試料を入れる．その後，蒸留フラスコにあふれるまで検水管へキシレンを流し込む．冷却管の上端を軽く綿で栓をし，加熱して蒸留を行う．蒸留終了後放置し，冷却管中のキシレンが透明になってから水量を測定する．水分（%）は以下の式で求める.

$$A/B \times 100$$

A：流出した水量（mL），B：試料採取量（g）

(9-2)　水分（加熱乾燥法）　基準油脂分析試験法 2.1.3.2-2013

定義：試料を恒温乾燥器において 105 ± 1℃で乾燥した場合の減量百分率.

目的：不乾性油脂（ヤシ油類を除く）中の水分含有率を測定す

る．

方法：試料をはかり瓶中に正しく量り取り，恒温乾燥器へ入れ，はかり瓶の蓋をずらし，105 ± 1℃で恒量になるまで乾燥する．水分（%）は以下の式で求める．

$$(B-A)/B\times 100$$

A：乾燥後の試料重量（g），B：試料採取量（g）

(9-3)　水分（カールフィッシャー法） 基準油脂分析試験法 2.1.3.4-2013

定義：カールフィッシャー測定装置を用い，カールフィッシャー試薬で測定した場合の試料中水分量の百分率．

目的：油脂中の水分含有率を測定する．

方法：滴定フラスコにクロロホルム 20 mL，メタノール 20 mL をとり，カールフィッシャー試薬（ヨウ素（I_2），ピリジン（RN），二酸化硫黄（SO_2），メタノール（CH_3OH）からなる試薬）を滴下して無水状態とする．その後，試料を滴定フラスコに素早く量り取り（注射器などを用いて，滴定フラスコに水分が入らないよう素早く行う），撹拌機でかき混ぜながら，カールフィッシャー試薬で滴定する．水分（%）は以下の式で求める．

$$A\times F/S\times 100$$

A：カールフィッシャー試薬の使用量（mL）

F：カールフィッシャー試薬のファクター（H_2Omg/mL）

S：試料採取量（mg）

原理（容量測定法）：水は塩基とアルコールの存在下でヨウ素，二酸化硫黄と以下のような反応をする．

$$H_2O+I_2+SO_2+CH_3OH+3RN \rightarrow 2RNH^+I^-+RNH^+CH_3OSO_3^-$$

この反応式で，H_2O 量＝I_2 量であることから，事前に水または水標準物質等でカールフィッシャー試薬1 mL当たりの水分（H_2Omg/mL）を求めておき，試料の測定に要したカールフィッシャー試薬の滴定量（mL）から水分量（mg）を算出する．これは，上記計算式中の「A×F」に相当する．この水分量を試料量で割り，100を掛けて油脂中の水分含有率とする．

(10)　中 和 価　基準油脂分析試験法 3.3.1-2013

定義：試料（脂肪酸）1 gの中和に要する水酸化カリウムのmg数．

目的：脂肪酸性状を数値化する．

方法：試料を三角フラスコに正しく量り取り，中性エタノール50 mLおよびフェノールフタレイン指示薬を加え，試料が完全に溶けるまで溶解する．その後，0.5 mol/L 水酸化カリウム標準液で滴定し，指示薬の微紅色が30秒続いたときを中和点として，下記の計算式で中和価を求める．

$$28.05 \times A \times F/B$$

A：0.5 mol/L 水酸化カリウム標準液使用量（mL）

F：0.5 mol/L 水酸化カリウム標準液のファクター

B：試料採取量（mg）

(11)　きょう雑物（夾雑物）　基準油脂分析試験法 2.1.5-2013

定義：試料を石油エーテルに溶解した場合の不溶解残分の百分率．

目的：油脂（米ぬか油及びひまし油を除く）中不溶解残分量を数値化する．

方法：試料を300 mLフラスコ（例えば三角フラスコ）中で石油エーテルに溶解させる．乾燥させ恒量になった沪紙，またはガラス沪過器で，石油エーテルに溶解した試料を沪過し，さらに石油エーテルで完全に抽出，洗浄する．残分の付いた沪紙，またはガラス沪過器を105±1℃で恒量になるまで乾燥する．きょう雑物（%）は以下の式で求める．

A/B×100

A：残物の質量（mL），B：試料採取量（g）

（12） エステル価 基準油脂分析試験法 2.3.3-2013

定義：試料1 g中に含まれるエステルを完全にけん化するに要する水酸化カリウムのmg数をいう．

目的：油脂に存在するエステル結合の数を数値化する．

方法：エステル価は，けん化価（基準油脂分析試験法 2.3.2.1-2013 けん化価（その1））と酸価（基準油脂分析試験法 2.3.1-2013 酸価）との差として求める．

エステル価＝けん化価－酸価

1.5 油脂の変敗とその防止

1.5.1 油脂の酸化

油脂や油脂加工食品を長期間空気中に放置しておくと，酸素と結合して次第に酸化が進み，製造方法や保存方法が適当でなければ比較的短期間で嫌なにおいを発生する．このように，油脂酸化の初期の段階で，少量の酸素で不快臭を発生する現象を，においの“戻り”と呼ぶ．においの戻った油脂は新しい油脂と比べてPOV，AV等の一般化学分析値はほとんど差がなく，官能検査や試料から揮発した香気成分を捕集してGC/MSに供するヘッドスペース-GC/MS分析等で判断される．戻り臭は魚油，アマニ油などヨウ素価の高い油脂で多く発生するが，精製が不十分であったり，保存法が不適当であれば普通の食用油脂でも発生し，においの種類は油脂の種類によって異なってくる（主にアルデヒド類）.

一方，酸素が十分存在する状態で長期間油脂を放置しておくと，戻り臭とは異なる刺激臭を発生するようになる．このような状態まで酸化劣化が進むことを，油脂の“酸敗”または“変敗”と呼んでいる．酸敗した油脂は，においの戻りがさらに進んだものと考えられ，POV，AOM 安定度，その他化学分析値でも差が出てくる．

さらに酸化が進むと，油脂は分解物や酸素原子を架橋とする重合体を生じ，組成の複雑化や粘度・比重の増加につながる．これら一連の変化は，いずれも空気中の酸素と油脂とが反応して起こる酸化反応に起因しており，これらを油脂の自動酸化と呼ぶ（特に酸化促進因子が存在する場合，熱酸化・光酸化などと呼ぶ場合もある）．自動酸化は自己触媒的酸化で，最初に酸素と反応して生成したラジカル中間体が次の酸化反応の触媒となって反応を促進するため，これを繰り返しながら加速度的に酸化反応が進む．したがって，一度反応が開始されると，以後の反応は自動的・連鎖反応的に進行する．

1.5.2　油脂の自動酸化機構

(1)　開　　始

脂質（LH）は熱，光線，不純物（金属，光増感剤など）の影響によりエステル結合や二重結合の隣の CH_2（メチレン）基の水素（特に反応性が高いものは，2 つの二重結合に挟まれた CH_2 基（活性メチレン基）の水素（二重アリル水素））が引き抜かれて脂質ラジカル（L･）という中間体ができる．また，不飽和脂肪酸の脂質ラジカルの場合は，二重結合とラジカルの間で共鳴が起きて二重結合位置が変わり，位置異性体が生成する．

$$\text{LH} \xrightarrow{\text{熱, 光, 不純物}} \text{L}\cdot + \cdot\text{H}$$

(2) 進　行

次に，生成した脂質ラジカルは空気中の酸素と結合してペルオキシラジカルになり，このラジカルは他の油脂のアルキル基から水素を引き抜いて新しいラジカルをつくる．そして，それと同時に，自らは酸化一次生成物（一次酸化生成物）であるヒドロペルオキシド（過酸化物）（LOOH）になる．

$$\text{L}\cdot + \text{O}_2 \rightarrow \text{LOO}\cdot$$
$$\text{LOO}\cdot + \text{LH} \rightarrow \text{LOOH} + \text{L}\cdot$$

新しく生成した脂質ラジカルは，さらに他の油脂のアルキル基から水素を引き抜き，また新たな脂質ラジカルを生成して自らはヒドロペルオキシドになる，といった一連の反応を繰り返して油脂の酸化は進行する．なお，生成したヒドロペルオキシドは不安定な物質であり，これが分解して生成したペルオキシラジカル（LOO・）やアルコキシラジカル（LO・）も脂質ラジカルと同様に，他の脂質から水素を引き抜く．これら一連の酸化反応を繰り返すことにより，連鎖的にヒドロペルオキシドを生成することになる．これが油脂の酸化初期に起きるラジカル連鎖反応である．

$$\text{LOOH} \rightarrow \text{LOO}\cdot + \cdot\text{H}$$
$$\text{LOOH} \rightarrow \text{LO}\cdot + \cdot\text{OH}$$
$$\text{LO}\cdot + \text{LH} \rightarrow \text{LOH} + \text{L}\cdot$$

(3) 停　止

反応が進行するとヒドロペルオキシドが蓄積され，各種ラジカルが水素を引き抜くアルキル基が少なくなり，ついにはラジカル同士が結合して安定な化合物となって触媒作用を失い，連鎖反応は停止する．

$$L\cdot + L\cdot \rightarrow L\text{—}L\text{(重合物)}$$
$$LOO\cdot + L\cdot \rightarrow LOOL$$
$$LOO\cdot + LOO\cdot \rightarrow LOOL + O_2$$
$$LOO\cdot + LOO\cdot \rightarrow LO\text{(ケトン)} + LOH\text{(アルコール)} + O_2 \quad \text{(ラッセル反応)}$$

以上は油脂の酸化機構であるが，結局，油脂が酸化してヒドロペルオキシドを生成するとき，

$$LH + O_2 \rightarrow LOOH$$

の反応に各種ラジカルが触媒的に働いた，ということになる．また，酸化反応開始時の水素の引き抜かれやすさは脂肪酸種によって異なり，二重アリル水素が多いほど引き抜かれやすい．つまり，酸化されやすさは飽和脂肪酸（パルミチン酸，ステアリン酸）<1価不飽和脂肪酸（パルミトレイン酸，オレイン酸）<多価不飽和脂肪酸（リノール酸，α-リノレン酸，EPA，DHA）の順である．以下に，一般的な食用油脂の主構成脂肪酸を示す．

主構成脂肪酸	食用油脂の名称
パルミチン酸（飽和脂肪酸）	パーム油
オレイン酸（1価不飽和脂肪酸）	ナタネ油，オリーブ油，コメ油
リノール酸（2価不飽和脂肪酸）	大豆油，ゴマ油
リノレン酸（3価不飽和脂肪酸）	アマニ油，エゴマ油

なお，一連の反応の中で生成したヒドロペルオキシド（LOOH）は，熱や光などのエネルギーにより結合力の弱いLO-OH間の結合

が切れてアルコキシラジカル（LO・）を生成し，その後アルデヒド，ケトン，アルコールなど（酸化二次生成物，二次酸化生成物）に分解して，戻り臭の原因となったり，さらに酸化，分解，切断，重合などを繰り返して複雑な反応へと展開する（図 1.15　リノール酸酸化反応の一例）．

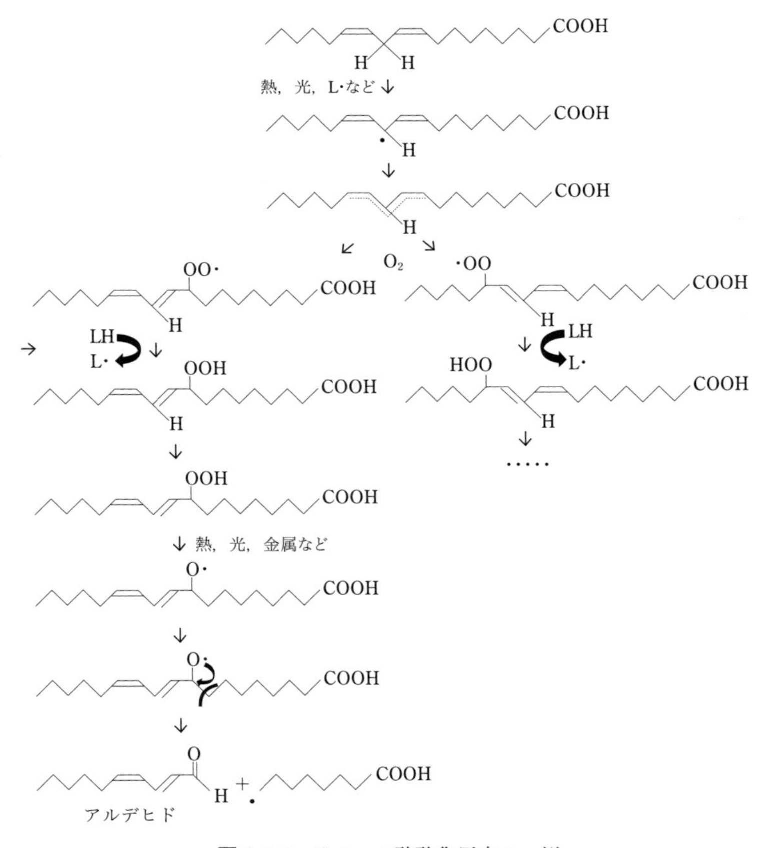

図 1.15　リノール酸酸化反応の一例

LOOH → LO・＋・OH

LO・＋・H → アルコール（ヒドロキシ脂肪酸）

LO・の開裂反応 → アルデヒド，ケトン

（不飽和）LO・の分子内付加反応 → エポキシ化合物

LO・＋LO・ → 重合物

上述のように，油脂の酸化は一度起こり始めると，とめどなく反応が進むことになる．次項で詳しく触れるが，酸化を抑えるためには酸素・熱・光を遮断することで脂質ラジカルを生成させないことが重要であり，万一，脂質ラジカルが生成したら，それを安定な非ラジカルの化合物に変えて安定化させることが大事である．

1.5.3　酸化促進因子

(1)　空　　気

空気は油脂の自動酸化に必須の直接原因物質であることから，油脂の酸化防止には空気を遮断することがもっとも有効である．しかも，戻り臭はわずかの酸素でも起こり得るので，できるだけ油脂中の溶存酸素を除去して窒素充填，真空充填するなどの工夫が必要である．

リノール酸エチルを45℃で酸化する実験で，酸素が低圧の場合酸化速度は酸素圧に比例するが，酸素が十分にある場合，反応速度は酸素圧には無関係である．すなわち，酸素を遮断して酸化防止するためには，酸素分圧をある一定値以下にまで減少させないと効果が小さい．

なお，液状油に対する酸素，窒素などのガスの溶解度はBaileyによると温度の上昇とともに大きくなるため，温度にも注意が必要である．

(2) 光

酸化反応は一般に光，特に紫外線によって促進される．

光（hv）が直接油脂に吸収されると，以下のようにラジカルを生成する（二重アリル水素など，結合エネルギーの低い部分が解離しやすい）．

$$\mathrm{LH} \xrightarrow{hv} \mathrm{L\cdot} + \mathrm{\cdot H}$$
$$\mathrm{LOOH} \rightarrow \mathrm{LO\cdot} + \mathrm{\cdot OH}$$

加えて，多価不飽和脂肪酸の脂質ラジカル（L･）は，ラジカルの安定共鳴化により共役二重結合が構造中に現れるため，最初の構造（二重結合の間にメチレン基を挟む構造）よりも光エネルギーによる影響を受けやすくなり，分解反応が促進される．

また，光酸化では，これまでに述べてきた水素の引き抜きから開始される酸化機構に加え，光エネルギーによって励起状態となった一重項酸素が，脂肪酸の二重結合部分へ直接付加する反応も起きる（ラジカルの共鳴が起きないため，ここで生成するヒドロペルオキシドは酸素結合位置や二重結合位置が通常と異なる）．

さらに，油脂中にリボフラビンやクロロフィルなどの色素が存在すると，これらは光増感物質として作用する．メカニズムとしては2種類あり，1つはリボフラビンなど（D）が光により励起され（D*），これが不飽和脂肪酸から水素ラジカルを引き抜いてL･を生成し，その後ラジカル連鎖反応を引き起こす．

$$\mathrm{D} + hv \rightarrow \mathrm{D^*}$$
$$\mathrm{D^*} + \mathrm{LH} \rightarrow \mathrm{DH} + \mathrm{L\cdot}$$

もう1つはクロロフィルなどが光により励起され（D*），これが酸素に作用して一重項酸素（O_2*）を生成し，O_2* が不飽和脂肪酸の二重結合へ付加する．

$$D + h\nu \rightarrow D^*$$
$$D^* + O_2 \rightarrow D + O_2^*$$
$$LH + O_2^* \rightarrow LOOH$$

このようにして，光（太陽光，蛍光灯など）は油脂の酸化を促進するため，保管容器や場所を工夫して遮光することが重要である．

(3)　微量金属

金属（イオン）は，微量でも油脂自動酸化の触媒作用をもち，その作用の強さは銅，マンガン，鉄，クロム，ニッケル，亜鉛，アルミニウムの順で，銅の作用は極めて強く，アルミニウムは影響がほとんどない．そのため，特に銅と鉄の促進効果が問題といわれ，銅は 0.01 ppm で，鉄は 0.1 ppm で戻り臭の発生を促進するとされており，油脂中のこれらの金属は精製で完全に除去する必要がある．

自動酸化の開始において，これら重金属は脂質ラジカルの生成を促進するが，進行の段階ではヒドロペルオキシドの分解を促し，見掛け上の過酸化物価（POV）を低減することがある．以下に，金属（イオン）によるヒドロペルオキシドの分解反応例を示した．

$$LOOH + Me^{n+} \rightarrow LO\cdot + Me^{(n+1)+} + OH^-$$
$$LOOH + Me^{(n+1)+} \rightarrow LOO\cdot + Me^{n+} + H^+$$

(4)　温　　度

一般に，温度が高くなれば反応速度が速くなるため，油脂の自動酸化速度も温度に比例する（条件にもよるが，おおよそ 10℃上昇ごとに酸化速度は約 2 倍となる）．したがって，油脂の自動酸化は冷蔵庫などの低温下で保存すれば，ある程度防ぐことができる．ただ，冷凍食品の場合，保存温度は非常に低いにもかかわらず，変敗が意外に速く進むことがある．これは，凍結によって食品の組織が壊され多孔質になり，空気との接触面積が大きくなったり，氷結によって塩分濃度が高くなって自動酸化が促進されたためと考えられている．これを冷凍焼けという．

また，フライのような高温で起こる酸化を，特に熱酸化と呼ぶ．その酸化機構については，基本的にはこれまで説明してきた自動酸化と同じだが，熱酸化では酸化一次生成物であるヒドロペルオキシドの生成速度よりも分解速度の方が速いため，ヒドロペルオキシドの蓄積はあまり起こらない．そのかわり，ヒドロペルオキシドの分解や環化，重合によってアルデヒド，ケトン，アルコール，脂肪酸，部分グリセリド，エポキシ化合物，ラクトンなどの低分子化合物（生成する化合物は構成脂肪酸によっても変わり，また多岐にわたる）や重合物が多く生成し，発煙や発泡（揚げ種にも起因し，防止策として微量のシリコーン油添加が有効），着色，粘度の上昇などが引き起こされる．その変敗速度は低温での自動酸化よりも遥かに速く，また低温では酸化しにくい飽和脂肪酸も影響を受ける．

なお，上述したように，熱酸化の場合はヒドロペルオキシドが蓄積しないため，未知の試料の酸化度を評価する際にはPOVだけでなく，酸化二次生成物（COVなど）も含めた多角的な分析が有効である．

(5) 生化学的物質

油脂または油脂食品中に生化学的物質が活性をもったまま残存すると，油脂の酸化を促進する．クロロフィルなどの光増感物質，ヘモグロビン，チトクロームcなどのヘム化合物，リポキシダーゼ，リポハイドロパーオキシダーゼなどの酵素はその例である．リポキシダーゼは油脂を酸化してヒドロペルオキシドを生成する反応の触媒となり，リポハイドロパーオキシダーゼはヒドロペルオキシドを分解する触媒として働き，アルデヒド，ケトンなど，におい成分を生成する．

食用油脂は，精製が十分であればこれらの物質が残存することは極めて少ないため問題はないが，油脂加工食品の場合には注意を要する．

1.5.4　抗酸化機構と酸化防止剤

(1)　抗酸化機構

油脂の酸化を防止するには，前述したように酸化促進因子を除去すればよいのであるが，現実には完全に除去することは難しい．そこで，生成したフリーラジカルを直ちに安定化させて，進行の前に自動酸化を停止させることが有効となる．わずかな量で自動酸化を阻止し，酸化を遅らせることができる一連の物質を酸化防止剤(AH) という．図 1.16 に酸化防止剤添加の有無による酸化曲線を示した．酸化防止剤の多くはフェノール性の水酸基をもち，この水酸基の水素 (H) は還元性があり酸素と離れやすいため，脂質ラジ

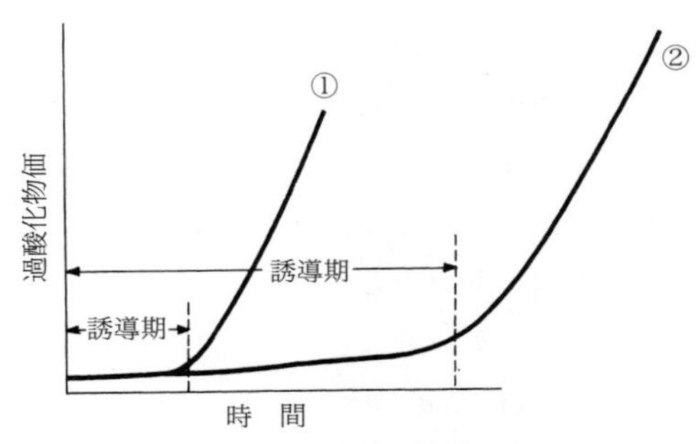

① 動物油脂，② 動物油脂＋酸化防止剤

図 1.16　油脂の酸化曲線

カルに水素ラジカルを供与してこれを安定化させ，自身はラジカルとなって自動酸化を停止させる．このラジカルは，フェノール構造内での電子の非局在化により比較的安定で，新たな脂質ラジカルを生成することは基本的になく，その後，二量体となってさらに安定化する．

LOO・＋AH　→　LOOH＋A・

（ラジカルの非局在化により安定）

A・＋A・　→　A－A

しかし，酸化防止剤の濃度が著しく高いと，脂質から水素ラジカルを引き抜く場合があるため（特にトコフェロール），適切な濃度での使用が求められる（通常は 500～1,000 ppm の範囲）．

このようにして，酸化防止剤は油脂の自動酸化を停止させるが，一般に酸化防止剤の効果には限度があり，ついには加速度的な酸化反応が起こるようになる．したがって，酸化防止剤の効果は，油の保存を始めてから酸化反応が本格的に始まるまでの時間（誘導期）を延長することにより酸化を遅らせるだけで，酸化反応を完全に停止させるものではない．また，使用する酸化防止剤がどのような性質（水溶性，脂溶性など）であり，どのような系（バルク系，エマルション系など）で使用するかによって，効果的に働く場合とそうでない場合がある．

水溶性酸化防止剤：アスコルビン酸，ポリフェノールなど

脂溶性酸化防止剤：トコフェロール，アスコルビン酸パルミテートなど

例えば水中油滴型（O/W 型）エマルション系の場合，連続相である水に均一分散する水溶性酸化防止剤よりも，わずかな界面活性能を有し油滴界面付近に存在する脂溶性酸化防止剤の方が，油滴界

面から起こる酸化を効果的に防止すると考えられる．ただし，酸化防止剤の性質や抗酸化活性，乳化剤など他の因子による影響（界面構造や電荷など）で実際の系は複雑となるため，上述通りの結果になるとは限らない．

(2)　天然の酸化防止剤

自然界には酸化防止能をもつ化合物が存在する．特に，植物油脂中にはトコフェロール（α・β・γ・δ の 4 種類があり，抗酸化活性は条件によっても異なる）やトコトリエノール，フラボノイドなどがあり，フェノール性の OH 基を構造中に有し，この官能基が酸化防止能を発揮すると考えられる．パーム油，大豆油，綿実油，トウモロコシ油（コーン油）など多くの油脂に含まれるトコフェロールやゴマ油のセサモールなどは現実に有力な酸化防止剤として機能しており，特にトコフェロールは油脂に対する主要な酸化防止剤として重要である．また，天然油脂（原料）中のリン脂質やカロテノイドも酸化防止に関係があるといわれる．リン脂質の場合，リン酸基とアミン残基が酸化防止に関係すると考えられており，その作用機構は他の共存する酸化防止剤との相乗効果（(4) 項で詳しく述べる）にあると言われている（リン脂質単体では酸化防止能をもたない）．カロテノイドの場合は，一重項酸素消去活性やラジカルとの直接反応による安定化などの抗酸化機構が考えられているが，着色成分でもあるため大部分は精製で除去されている．

なお，近年，ポリフェノールやフラボノイドに注目が集まっており，ローズマリー抽出物などは食品で幅広く使用されている．抗酸化機構に関してはラジカル消去作用や金属キレート作用が考えられているが，バルク系の油脂に対する溶解性は低いため，その使用には注意が必要である．

(3) 合成酸化防止剤

天然の酸化防止剤であるトコフェロールやフラボノイドなどはいずれもフェノール性のOH基をもつため，これにならって多くのフェノール性合成酸化防止剤がつくられ，きびしくテストされて実用上無害なもののみが法律によって使用を許可されている．植物油脂の多くは元々トコフェロールを含むため酸化防止剤の添加は必ずしも必要でないが，トコフェロールを含まない動物油脂や油脂を含む加工食品などのように，製造・流通過程で空気や日光にふれるような場合は適正な使用が望まれる．

合成酸化防止剤としてはBHT（ブチルヒドロキシトルエン），BHA（ブチルヒドロキシアニソール），没食子酸プロピルなどが一般的で，食品添加物の使用基準の範囲内で選択，使用される．ただし，JASの格付けを受けた「食用植物油脂」の名称を用いる家庭用の製品に対して食品衛生法で許可されている添加剤は，天然酸化防止剤であるトコフェロールだけである．

(4) シナージスト（酸化防止相乗剤）

それ自身で酸化防止能はないか，あるいは低いが他の酸化防止剤と共存することにより酸化防止能が大幅に向上する一連の化合物をシナージスト（酸化防止相乗剤）と呼ぶ．クエン酸，リン酸，酒石酸，リンゴ酸，アスコルビン酸，アミン，硫黄化合物などが有効とされるが，その代表的なものとしてクエン酸やアスコルビン酸が使用されている．

クエン酸の作用機構は，油脂中の微量の重金属とキレート化合物をつくって，その触媒作用を抑えるためと考えられる．アスコルビン酸パルミテート（APH）は，それ自体にも酸化防止能（ラジカル消去作用など）があるが，トコフェロールなどの酸化防止剤ラジカル（A・）を還元（水素ラジカルを供与）することで酸化防止剤を再生させる作用をもつ．以下に，アスコルビン酸パルミテートの作用機序を示す．

$$\mathrm{LOO\cdot + AH \rightarrow LOOH + A\cdot}$$
$$\mathrm{A\cdot + APH \rightarrow AH + AP\cdot}$$

1.5.5　自動酸化によらない変敗

油脂の変敗による風味の劣化は多くの場合，自動酸化によって有臭成分が生成することに起因するが，このほかにも油脂の種類によっては加水分解やケトン分解によってにおいが発生することがある．

(1)　加水分解

系内に水が存在すると，比較的短い炭素鎖長の酪酸，カプロン酸，カプリル酸，ラウリン酸などは加水分解されやすく，汗臭いにおいやセッケン臭などを発生することがある．また，フライ調理時には揚げ種由来の水分と高温により加水分解が起きやすく，遊離脂肪酸と部分グリセリド（ジグリセリド，モノグリセリド）を生じる．なお，一般に不飽和脂肪酸よりも飽和脂肪酸の方が，長鎖脂肪酸よりも短鎖脂肪酸の方が加水分解されやすい．

(2)　ケトン分解

比較的短い鎖長の飽和脂肪酸（カプリル酸など）を有するバター脂，ヤシ油などは微生物の作用によりケトンを発生する．例えば，青かびはヤシ油でメチルアミルケトン，メチルヘプチルケトンなどを生成する．

1.5.6　色の戻り

大豆油や綿実油を精製脱臭して保存しておくと，次第に着色して脱色油（脱臭前の油）と同程度まで色がつくことがある．これを“色の戻り”という．保存温度が高い（40～60℃）とその速度は速く，1日から1週間程度で戻る．原因物質はトコフェロールの酸化生成物（トコレッド）であるとされており，精製が不十分で不純物が多いと起こりやすい．色の戻った大豆油は風味も悪く，AOM安定度も低下することをしばしば経験するため，色の戻りは初期の自動酸化と何らかの関係があると考えられる．なお，フライの際の着色に関しては，トコレッドよりも多様な酸化生成物によるところが大きく，加えて揚げ種由来の成分も関与する複雑な現象であるため，色の戻りとは別のものとして考える必要がある．

1.6　油脂の栄養（1）

1.6.1　油脂の栄養的意義

（1）　油の熱量（カロリー）

油脂はタンパク質，炭水化物とともに3大栄養素の1つである．炭水化物やタンパク質1 g当たりのエネルギー量が4 kcalであるのに対して，油は9 kcalと2倍以上である．したがって，油を多く含む食品は，少量で効率よくエネルギーを摂取することができるメリットがある．

（2）　油の消化・吸収

油脂は摂取されると，胆汁による乳化と膵リパーゼによる加水分解を受け，小腸から体内に吸収される．他の栄養素と比較して消化，吸収に時間がかかるため，体内への吸収が悪いと思われがちだが，実際には吸収率は高い．油脂の体内消化・吸収性は油脂の融点と密接な関係があり，体温（37℃）以下で溶ける程度であれば消化率はほぼ100％と考えてよい（表1.7）．

表 1.7　硬化油の融点と消化率

融　点	消化率
37℃	98%
39	96
43	96
50	92
52	79

(3)　脂溶性ビタミン

ビタミン類のなかには，ビタミン A，D，E，K など油に溶ける，いわゆる脂溶性ビタミンと呼ばれる一群がある．これらの脂溶性ビタミンは，通常は油に溶けた状態で食品中に存在しており，油性の食品と一緒に摂取することにより吸収率が高まる．

ビタミン A はレチノール類の総称であり，夜間の視力の維持を助ける，皮膚や粘膜の健康維持を助ける栄養素として知られており，肝油，レバー，ウナギ，ミルク，卵といった動物性食品に含まれる．一方，ビタミン A の前駆体としてカロテン類が知られており，体内でビタミン A へと変換される．カロテンは，ニンジン，コマツナ，ホウレンソウ，トマトなどの緑黄色野菜に多く含まれている．また，ビタミン D は腸管でカルシウムの吸収を促進し，骨の形成を助ける栄養素として知られており，キノコ類や魚類に含まれている．ビタミン K は，正常な血液凝固能を維持する栄養素として知られており，緑黄色野菜，海藻類，納豆などの発酵食品に多く含まれている．

ビタミン E はトコフェロールとも呼ばれ，抗酸化作用により体内の脂質を酸化から守り，細胞の健康維持を助ける栄養素として知られており，植物性食用油やナッツなどに多く含まれている．ビタミン E は易油溶性により，油脂および高油脂含有食品への抗酸化

表 1.8 油脂中のトコフェロール含量（%）

油脂（原油）	総トコフェロール（%）
豚　　脂	0.0005～0.0029
牛　　脂	0.001
牛乳脂肪	0.002～0.004
パーム油	0.002～0.05
オリーブ油	0.003～0.03
トウモロコシ油（コーン油）	0.1～0.25
大豆油	0.09～0.28
ナタネ油	0.05
綿実油	0.08～0.1
サフラワー油	0.08
コメ油	0.11

剤として広く使われている（表 1.8）．

(4) ステロール

ステロールは油脂中の不けん化物の一種で，動物性のものを動物ステロール，植物性のものを植物ステロールと呼ぶ．動物ステロールの代表的なものがコレステロールで，血中コレステロール値の上昇は，冠動脈疾患の発症と密接に関係している．一方，植物ステロールは大豆油，綿実油など植物油に広く存在し，β-シトステロール，スチグマステロールなどから構成される．植物ステロールは，血中のコレステロールを低下させる作用があり，欧米などでは虚血性心疾患の危険性を低減させるという健康強調表示（ヘルスクレーム）が認められている．その作用メカニズムは，植物ステロールが体内に吸収されにくいのでコレステロールの吸収を阻害するためと考えられている．

1.6.2 必須脂肪酸の意義

脂質はエネルギーの貯蔵に関わる中性脂肪だけでなく，生体膜の構成成分や生体反応のシグナル物質として利用される脂質メディエーターとしての役割ももつ．その中でも特に栄養学的に重要で長年研究されているのが，必須脂肪酸である．必須脂肪酸は，生体内で合成することができない，2つ以上の二重結合を有する多価不飽和脂肪酸で，その代謝経路からn–3系（α–リノレン酸，EPA，DHAなど）とn–6系（リノール酸，γ–リノレン酸，アラキドン酸）の2種に大別される．

n–3系脂肪酸は，皮膚の健康維持を助ける栄養として知られており，魚油やアマニ油，エゴマ油に多く含まれている．これら必須脂肪酸が欠乏すると，成長障害，皮膚炎，皮膚の弾力・バリア機能低下が報告されている．しかし，必須脂肪酸は一般の食用油脂，特に植物性の液状油にかなり含まれており，通常の食事摂取で不足することはほとんどなく，摂取に気をつけるのは特定の病態，食事制限などの場合に限られる．

1.7　油脂の栄養（2）

分析技術の向上や臨床医学の進歩に伴い，脂肪酸の栄養に関する評価も様々な形でなされ，まだ必ずしも十分に議論が定まっていない面もあるが，最近の油脂の栄養的価値について概観すると次のようである．

（1）　飽和脂肪酸

飽和脂肪酸にはミリスチン酸，パルミチン酸，ステアリン酸などがある．飽和脂肪酸の過剰摂取で問題となるのは，冠動脈疾患，肥満，糖尿病である．飽和脂肪酸は，血清コレステロール濃度上昇に作用することはよく知られている．ただし，すべての飽和脂肪酸が同様にその作用をもつわけではないことが指摘されている．

(2) 一価不飽和脂肪酸

一価不飽和脂肪酸にはオレイン酸やパルミトレイン酸などがある．オレイン酸は，オリーブ油やナタネ油，動物脂などに多く含まれており，平成18年国民健康・栄養調査によると，日本人の摂取する一価不飽和脂肪酸の88%を占めると報告されている．この脂肪酸へ関心が寄せられているのは，オリーブ油を常食する地中海沿岸諸国の人々では，脂質摂取量がかなり多いにもかかわらず冠動脈疾患が少ないことによる．生体内でオレイン酸はリノール酸に比べると酸化を受けにくいと考えられる．また，リノール酸よりは弱いものの血清コレステロール濃度低下作用を発現し，しかも善玉コレステロールの低下を引き起こさないなど優れた性質を有している．ただしこれらの作用は，日本人を対象とした調査では明確ではない．

(3) n-3 (ω3) 系多価不飽和脂肪酸

脂肪酸鎖において，末端メチル基から数えて3つ目の炭素（n-3）に二重結合のある一連の高度不飽和脂肪酸であるn-3系多価不飽和脂肪酸には，主として食用植物油脂に含まれるα-リノレン酸と魚介類に含まれるエイコサペンタエン酸（EPA），ドコサヘキサエン酸（DHA）などがある．経口摂取されたα-リノレン酸は，一部がEPAやDHAに変換される．これらの脂肪酸は生体内で合成されず，欠乏すると皮膚炎などを発症する．さらに，n-3系多価不飽和脂肪酸は中性脂肪値の低下，不整脈の発生防止など生活習慣病の予防効果を示す．

α-リノレン酸を豊富に含むエゴマ油やアマニ油などが，近年注目されている．また，脳の発育にn-3系多価不飽和脂肪酸，特にDHAが不可欠であることが明らかにされている．さらに，EPAおよびDHAの摂取によるアレルギー性鼻炎の悪化防止や，加齢黄斑変性症の発症リスク低減の効果が報告されている．

(4)　n–6 系多価不飽和脂肪酸

末端メチル基から数えて 6 つ目の炭素（n–6）に二重結合のある一連の高度不飽和脂肪酸である n–6 系多価不飽和脂肪酸には，リノール酸，γ–リノレン酸，アラキドン酸などがある．日本人が摂取する n–6 系多価不飽和脂肪酸の 98% はリノール酸である．リノール酸は体内で合成されないため，必須脂肪酸として経口摂取する必要がある．γ–リノレン酸やアラキドン酸はリノール酸から合成される．リノール酸の過剰摂取は，悪玉コレステロールだけでなく善玉コレステロールをも低下させる．

(5)　日本人の n–3/n–6 比（ω3/ω6 比）

「第 6 次改訂日本人の栄養所要量」（1999 年）では「n–6 系多価不飽和脂肪酸と n–3 系多価不飽和脂肪酸の比は，健康人では 4:1 程度を目安とする」と記載され，各脂肪酸の比率での摂取目安が示されていたが，「摂取基準 2010 年版」では，n–6 系と n–3 系の種々の作用は，それらの脂肪酸の比率だけで生じるものではないと結論づけられ，脂肪酸比率の摂取目安提示は廃止された．

(6)　トランス脂肪酸

トランス脂肪酸には油脂を加工・精製する工程でできるものと，乳製品や肉の中に含まれているものがある．工程で生じるトランス脂肪酸を含む油脂を摂取すると，冠動脈疾患のリスクになることが示されている．また，自然界に存在するトランス脂肪酸は，冠動脈疾患のリスクにはならないことが示されている．摂取エネルギー比 2% を超えている米国のようなトランス脂肪酸摂取量の多い国では，食品へのトランス脂肪酸含有量の義務表示等の規制があるが，日本人の摂取エネルギー比は 1% 未満と低いため，現時点ではそのような規制や基準は設けられていない．

トランス脂肪酸は，摂取量依存的に血中 LDL/HDL コレステロー

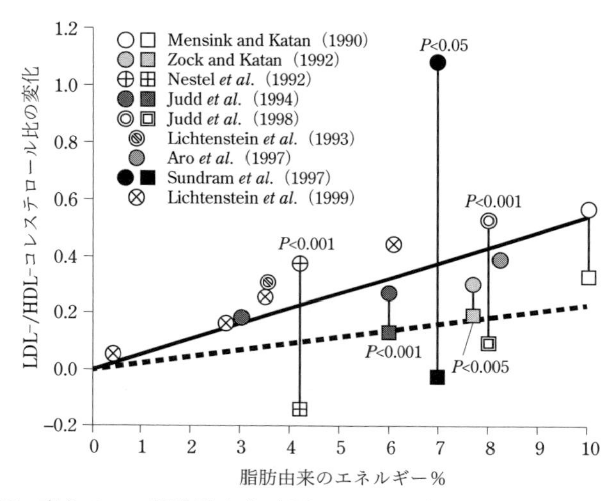

図 1.17 高トランス脂肪酸食事（○）あるいは高飽和脂肪酸食事（□）が LDL-/HDL-コレステロール比に及ぼす影響

ル比率（LDL/HDL）を上昇させることが数々の研究で示されている．LDL/HDL の上昇は，冠動脈疾患のリスクにつながる．メタアナリシスの結果である図 1.17 中の実線がトランス脂肪酸摂取時，点線が飽和脂肪酸摂取時の LDL/HDL を表している．同じ摂取エネルギー比の場合，トランス脂肪酸摂取は飽和脂肪酸摂取より，LDL/HDL が高くなることが示されている．この影響度は，飽和脂肪酸の約 2 倍ともいわれており，トランス脂肪酸を摂取エネルギー比で 2%程度減らすことで，冠動脈疾患による死亡率が 7%低下するという推計が報告されている．

なお，摂取エネルギー比が 2%を超えている米国のようなトランス脂肪酸摂取量の多い国では，食品へのトランス脂肪酸含有量の義務表示等の規制があるが，日本人の摂取エネルギー比は 1%未満と低いため，現時点ではそのような規制や基準は設けられていない．

表 1.9　わが国の脂肪摂取量の推移（全国平均，1人1日当たり）

調査年	1970	1980	1990	1995	2000	2005	2010	2015
エネルギー（kcal）	2,210	2,084	2,026	2,042	1,948	1,904	1,849	1,889
植物性脂質（g）	25.6	27.2	29.4	30.1	28.6	26.6	26.6	28.3
動物性脂質（g）	20.9	27.2	27.5	29.8	28.8	27.3	27.1	28.7
計（g）	46.5	52.4	56.9	59.9	57.4	53.9	53.7	57.0
植物性 / 動物性	1.22	1.00	1.07	1.01	0.99	0.97	0.98	0.99
脂質エネルギー比(%)	18.9	23.6	25.3	26.4	26.5	25.3	25.9	26.9

厚生労働省国民健康・栄養調査.

(7)　脂質エネルギー比（%）の推移

「摂取基準 2015 年版」では，脂質エネルギー比の目標量は 1 歳以上で 20〜30%とされている．全体平均としてはおおむね好ましく推移しているように見えるが，脂質摂取量は世代間で差があり，若年層では過剰摂取である反面，熟年層ではむしろ低めの傾向がある．なお，エネルギー比だけでなく，冠動脈疾患発症リスクの観点から，飽和脂肪酸を比較的多く含む動物性脂質の摂取量にも留意すべきである．

1.8　食用油の消費動向

わが国では脂肪エネルギー比率が 1988 年（昭和 63）に 25%を超え，2014 年（平成 26）には 26.3%となり，ほぼ飽和状態に達したと考えられているが，油脂の消費動向を概観すると次のようである．

(1)　JAS 格付け数量から見た食用植物油脂の消費

食用植物油脂の JAS（日本農林規格）格付け数量は 2006 年（平成 18）から 2015 年（平成 27）の間，120 万〜130 万トン/年で推移し，ほぼ横ばい状態である．製品形態別にその内訳を見ると，家庭用（製品形態が 7,999 g 以下）は約 30 万トンで横ばい，惣菜用など業務用（同 8,000～16,500 g）は 40 万トン前後で推移しているのに対し，マーガリン，マヨネーズなどの食品製造に使用する加工用（同 16,501 g 以上）は約 50 万トンから 60 万トンへと増加を示している．

(2) 需給実績，生産量から見た国内消費

農林水産省の植物油脂需給実績によると，2006 年（平成 18）から 2015 年（平成 27）の 10 年間の植物油の国内消費は 230 万～240 万トン/年で推移している．生産量の推移（表 1.10）を見ると，パーム油，ナタネ油の伸びが比較的大きく，他方，大豆油は減少傾向である．これは，風味などの面から大豆油からナタネ油へ製造がシフトしたことや，安価な海外産大豆ミール（脱脂大豆）の輸入の影響で大豆搾油が減少しているためでもある．今後も油脂の供給という面から，大豆搾油の減った分がナタネ油やパーム油にシフトしていくものと考えられる．

なお，オリーブ油は表 1.10 の「その他の油」に含まれるが，近年需要が急速に高まっており，2014 年（平成 26）秋から 15 年夏の収穫年度に日本が輸入したオリーブ油は約 6 万 1,900 トンで過去最高となり，ここ 6 年で倍近くまで増加した．食生活の多様化や健康志向により，今後も一定の需要が続くと思われる．

参考文献

・和田俊，後藤直宏 著，食品機能学―脂質―，丸善出版（2004）
・公益社団法人日本油化学会，基準油脂分析試験法 2013 年版

表 1.10　植物油脂の品目別生産

(単位：千トン)

品目＼年次	平成17	18	19	20	21	22	23	24	25	26	27
大豆油	(52)	(60)	(42)	(51)	(36)	(18)	(20)	(24)	(39)	(9)	(6)
	575	576	576	542	477	468	401	376	380	362	432
ナタネ油	(63)	(17)	(18)	(22)	(14)	(9)	(32)	(25)	(20)	(13)	(19)
	932	972	942	951	929	993	1,027	1,064	1,044	1,074	1,065
綿実油	(6)	(6)	(6)	(6)	(3)	(4)	(4)	(2)	(4)	(5)	(4)
	6	6	6	5	4	4	5	4	4	4	4
サフラワー油	(15)	(14)	(14)	(15)	(12)	(14)	(12)	(12)	(11)	(8)	(9)
	—	—	—	—	—	—	—	—	—	—	—
ゴマ油	(4)	(3)	(3)	(2)	(2)	(2)	(2)	(2)	(2)	(2)	(2)
	44	43	45	44	42	46	45	45	45	45	46
トウモロコシ油	(4)	(6)	(1)	(1)	(0)	(0)	(0)	(0)	(0)	(0)	(0)
(コーン油)	96	102	98	96	86	84	88	86	85	82	81
落花生油	(1)	(1)	(1)	(1)	(0)	(1)	(0)	(0)	(1)	(1)	(1)
	0	1	1	0	0	0	0	0	0	0	0
ヒマワリ油	(23)	(21)	(21)	(21)	(17)	(19)	(16)	(20)	(16)	(19)	(20)
	—	—	—	—	—	—	—	—	—	—	—
コメ油	(32)	(25)	(28)	(30)	(24)	(28)	(23)	(16)	(20)	(24)	(33)
	60	63	63	66	61	61	69	64	64	64	64
ヤシ油	(64)	(64)	(61)	(58)	(47)	(47)	(46)	(44)	(42)	(49)	(52)
	—	—	—	—	—	—	—	—	—	—	—
パーム油	(479)	(499)	(532)	(546)	(551)	(569)	(588)	(577)	(591)	(599)	(620)
	—	—	—	—	—	—	—	—	—	—	—
パーム核油	(54)	(54)	(73)	(67)	(70)	(84)	(92)	(89)	(94)	(99)	(82)
	—	—	—	—	—	—	—	—	—	—	—
アマニ油	(11)	(10)	(10)	(8)	(6)	(6)	(6)	(5)	(4)	(5)	(7)
	7	5	5	5	2	2	2	1	2	2	2
ヒマシ油	(30)	(21)	(19)	(19)	(13)	(16)	(16)	(15)	(15)	(15)	(17)
	—	—	—	—	—	—	—	—	—	—	—
その他の油	(64)	(63)	(40)	(40)	(49)	(53)	(46)	(60)	(62)	(66)	(72)
	0	0	0	0	0	0	0	0	0	0	0
合計	(901)	(856)	(868)	(887)	(844)	(868)	(904)	(892)	(923)	(912)	(946)
	1,722	1,769	1,736	1,708	1,601	1,659	1,637	1,641	1,624	1,664	1,694
対前年比（%）	(109.0)	(95.0)	(101.4)	(102.2)	(95.2)	(102.9)	(104.1)	(98.7)	(102.1)	(100.9)	(106.0)
	95.9	102.8	98.1	98.4	93.7	103.6	98.7	100.2	99.2	101.6	103.3

資料：農林水産省「油糧生産実績調査」，（　）内は財務省「貿易統計」.

注：輸入欄の（　）内は製品（油脂）で輸入したもので外数である.

・太田静行 著，油脂食品の劣化とその防止，幸書房（1977）
・日本油化学会 編，改訂第2版 油脂・脂質の基礎と応用，公益社団法人日本油化学会（2009）
・太田静行，湯木悦二 著，フライ食品の理論と実際，幸書房（1976）
・後藤直宏 著，脂質の科学的性質—脂質の劣化—，オレオサイエンス **15**, 179–182（2015）
・藤田哲 著，食用油脂—その利用と油脂食品—，幸書房（2000）
・一般社団法人日本植物油協会ホームページ http://www.oil.or.jp/
・菅野道廣 著，「あぶら」は訴える，講談社サイエンティフィク（2000）
・菅野道廣 著，脂質栄養学，幸書房（2016）
・A. Ascherio, *Atheroscler. Suppl.* **7**, 25–27 (2006)
・厚生労働省，平成26年国民健康・栄養調査
・公益財団法人日本油脂検査協会ホームページ http://www.oil-kensa.or.jp/
・農林水産省食品製造課 編，我が国の油脂事情 2011年9月
・農林水産省食品製造課 編，我が国の油脂事情 2016年10月

2. 油 脂 の 製 造

2.1 採　　　油

2.1.1 植物油脂の採油

植物油脂の採油は，一部で圧搾法が採用される以外は油分 20％程度以下のものは直接ヘキサンで抽出し（抽出法），油分の多いものは最初に圧搾法でしぼり，油分の少なくなったものを抽出にかける（圧抽法）のが普通である．このため，圧搾法のみならず抽出法と圧抽法を含む採油全般を搾油と称する．

〈採油法〉

抽出法……油分の少ないもの（大豆）

圧抽法……油分の多いもの（ナタネ，綿実，アマニ，ヤシ）

(1) 油脂原料の貯蔵

油脂原料は茎，葉，その他の夾雑物を除去し，水分の多い場合は乾燥して一定の水分レベルにまで下げて貯蔵する．水分の多い原料を長期間保存すると，発熱して油分の酸価が高くなったり，油の脱色が困難になったり，さらに種子のタンパク質が変性したりして，いわゆるダメージ・シード（damaged seed）になる．

綿実の水分と保存後の抽出油酸価の関係を図 2.1 に示す．この図から，貯蔵水分は 10％以下が望ましいことがわかる．

a. 含油種子

わが国では大豆，ナタネ，アマニなど油脂原料のほとんどが輸入で，既にある程度精選，乾燥された状態で輸入されるため，通常そのまま臨港の大型サイロに搬入され，貯蔵される．ただし，採油工

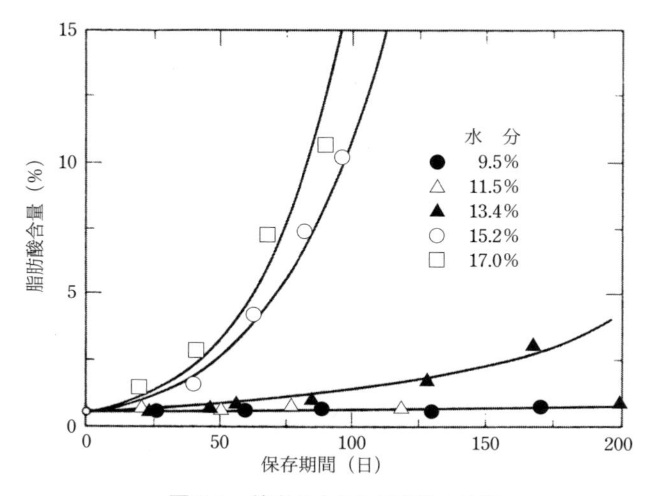

図 2.1 綿実の水分と保存後の品質
(M. L. Karon and A. M. Altschul, *Plant Physiol.*, 19, 310-325, 1994)

程の前にさらに細かな夾雑物（茎，サヤ，石，金属片など）を取り除くための精選が行われる．一般に含油種子は水分が少なく，条件が良ければかなり長期間の保存が可能であるが，適度の水分で適当な温度になると生化学的な活動が活発になるため，サイロ内の湿度や温度の管理に十分気を付けなければならない．水分の多い大豆（14%以上）から得た大豆原油は酸価が高く，クロロフィル系色素が多く，トコフェロール含量が低い．そして精製油では色の戻りが見られ，品質が悪い．この品質は水分が多いほど悪くなる傾向にあり，通常，大豆の水分は12%以下に調節することが望ましい．

b. 含油果実

パーム果実やオリーブより得られる油脂を，各々パーム油，オリーブ油という．これらの原料は種子ではなく果実であるため水分が多く，酵素（リパーゼ）の活動が活発で，油脂の加水分解反応が起こりやすい．したがって，油脂中の遊離脂肪酸含量を低くするために，採果後できるだけ早く採油する必要がある．そのため，これらの採油は現地で行われ，わが国には採油した原油，もしくはこれを精製した油の形で輸入される．パーム果実は油脂の分解が特に起こりやすく，原油の遊離脂肪酸含量が20～40%に及ぶこともあり，マレーシアなどの生産地では採果後10時間以内に蒸煮，採油する．酵素は55℃以上の温度で破壊されるため，その活性は蒸煮で容易に失活される．

c.　米ぬか

米ぬかは強い油脂分解酵素（リパーゼ）活性をもち，新しい米ぬかから直ちに採油した原油でも4～6%の遊離脂肪酸を含む．25℃の貯蔵で遊離脂肪酸含量は1時間に1%上昇するという報告もあり，精米後ただちに搾油する必要がある．

d.　含油果実核

コプラはココヤシの実の核を天日乾燥したり，人為的に加熱乾燥したりしたもので，ヤシ油の原料となる．コプラやパーム核は水分を多く含むため，油脂の分解を起こしやすい．さらに，採果後の乾燥法の違いや，元々含まれる水分量の違いによって品質のバラツキが大きくなる．貯蔵には水分5～6%以下のものが望ましい．

(2)　前　処　理

サイロから搬出した原料は，ふるい，マグネット，風力（比重差）などを用いてよく精選し，必要に応じ粗砕・脱皮，圧扁したのち，加熱する．この加熱により油脂を含む細胞のガム質やリン脂質を不活性化させ，さらに細胞膜を構成しているタンパク質を凝固させるため，油の流れやヘキサンの通りがスムーズになる．その結果，油の収率が上がり，品質も向上する．この処理をクッキングと呼び，極めて大事な工程である．クッキングの条件はその原料によって変わり，クッキングが適当でないとヘキサンの流れが悪くなり，残油分量が改善されない．

a. 大 豆

精選した大豆原料は，粗砕工程で 1/2～1/8 に分割する．粗砕は，表面がスジ状の 2 つの異なる速度で回転するローラーの間を通すことで行う．次に，タンパク質量の少ない皮を取り除く（脱皮）．脱皮は脱脂大豆のタンパク質含量を高めるだけでなく，抽出で得られた油や副生するレシチンの品質を高める．さらに，粗砕した原料を 70～75℃に加温し，水分を 10～11％に調整（加湿あるいは乾燥）した後に圧扁すると，原料は適度な可塑性を有し，微粉末が少なく薄いフレーク（圧扁大豆）を得ることができる．

脱脂大豆には良質なタンパク質が含まれ，今日，飼料のタンパク源として，また最近では植物タンパク食品の原料として重要な地位を占めている．

b. ナタネ

ナタネ粕は優れた有機肥料としてタバコ，ミカン，家庭園芸肥料に重用されているほか，飼料としても良好なアミノ酸組成を有することから，優れたタンパク源として利用されている．ナタネの在来種には，窒素と硫黄を含む配糖体であるグルコシノレート（チオグルコシド）が含まれ，これが加水分解すると飼料効率が下がるという課題があった．しかし，1970 年代にカナダでナタネの品種改良が盛んに行われ，グルコシノレートを含有しないキャノーラ種が開発されたことにより，この課題は解決されている．

c. 綿 実

綿実にはゴシポールという成分が含まれており，綿実粕にそれが残っていると飼料として好ましくないが，圧扁したフレークを水分 15～25％，100～110℃でクッキングしてから採油すると良質の粕が得られる．飼料用としては粕中の遊離ゴシポール含量を0.04％程度以下にする必要があるが，ゴシポールは色素腺中にあり，圧扁粉砕でこの組織を十分破壊してから加水クッキングする．クッキング温度が高いとゴシポールの減少も大きいが，リジン含量も低下してしまい栄養価値が低下する．綿実粕の栄養価は微アルカリ（0.2％ KOH）での可溶性窒素分と比較的相関があるといわれ，栄養価を知る1つの指数にすることがある．なお，クッキングが適切でなければ搾油された原油の品質も悪くなる．さらに，過加熱した場合，ゴシポールは油と何らかの結合を起こし，精製が困難となる．

綿実の品種改良の研究が米国で行われ，ゴシポールの少ない品種が開発されているが，リント（わたの部分）の収量が低くなるなど

図 2.2　4段式スタッククッカー
（フレンチ・オイル・ミル・マシナリー社）

の問題があってまだ本格化されていない．

ナタネ，綿実，アマニなどのクッキングは，通常4〜6段のスタッククッカーで行われる（図2.2）．圧扁原料はクッカーの上部から入れられ，必要に応じて生蒸気加熱，または間接蒸気加熱で加熱され，上の段から次々と下の段に送られながらクッキングを終える．

(3) 圧搾法

クッキングの終わった原料は搾油機にかけられる．この工程は，古くは図2.3のように人力で行われていた工程で，搾油を象徴する工程といえる．圧搾法にはバッチ式と連続式とがあり，以前は1回ごとに原料を仕込むバッチ式の板絞（いたじめ）水圧法（図2.4）が行われていたが，今日では大型スクリュープレス式の連続法が一般化している．この圧搾機（エキスペラー）は，ウォームシャフト，ウォーム，ドレネージバレル，チョークメカニズムで構成されており，ウォームのラセン回転を利用して原料を円筒に高圧で押し込み，機械的に油をしぼりとる．原料の入口から出口に向かい圧縮

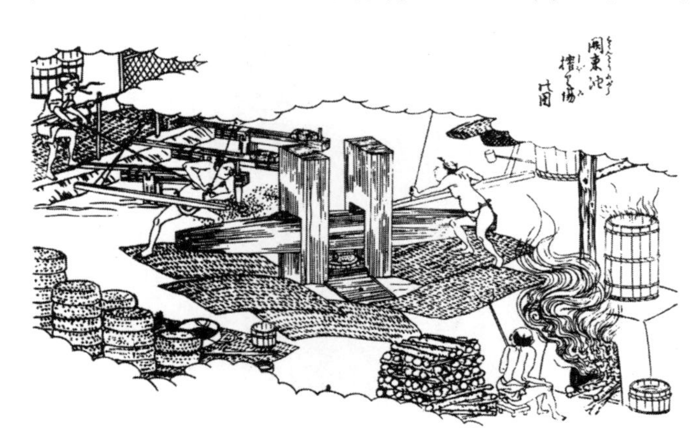

図2.3 1800年頃の関東式搾油

図 2.4　板絞水圧機
（フレンチ・オイル・ミル・マシナリー社）

比が増し，5〜10 MPa の圧力がかけられ，ドレネージバレルの隙間（0.2〜1.0 mm）から油が搾り出される．油分の多い原料の場合は経済的であるが，残油が多く，油の収率が低い．このため，圧搾後の搾り粕からさらに溶剤で油を抽出する圧抽法が今日では一般的となっており，圧搾法のみでの採油はオリーブ，ゴマやカカオ豆などの特殊な油脂の採油や，コプラのように非常に油分の多い場合に限られている．典型的なエキスペラーの例を図 2.5 に示す．エキスペラーにはスケールメリットを出すためいろいろな工夫がなされ大型化され，今日では 200 トン / 日以上の能力をもつものもある．

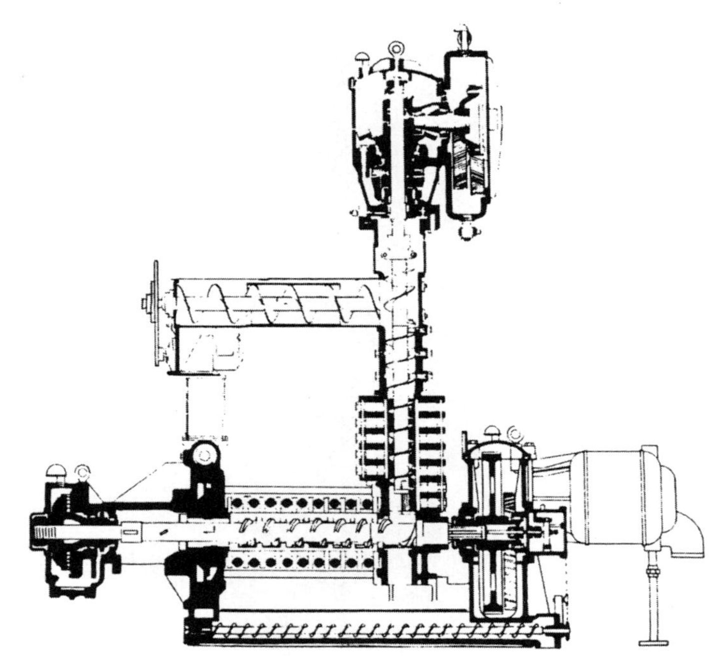

図 2.5　スーパー・デュオ・エキスペラー
(V. D. アンダーソン社)

(4) 抽 出 法

大豆のように油分の比較的少ない油脂原料の場合（油分 18〜20%），溶剤（ヘキサン）で抽出を行い，効率よく油分が取り出される．一般に，フレークの厚みと抽出速度には密接な関係があり，厚みが大きくなると一定量の残油が発生するため，抽出時間が長くなる．その結果，作業能率が低下する（図 2.6）．

大豆フレークの場合，

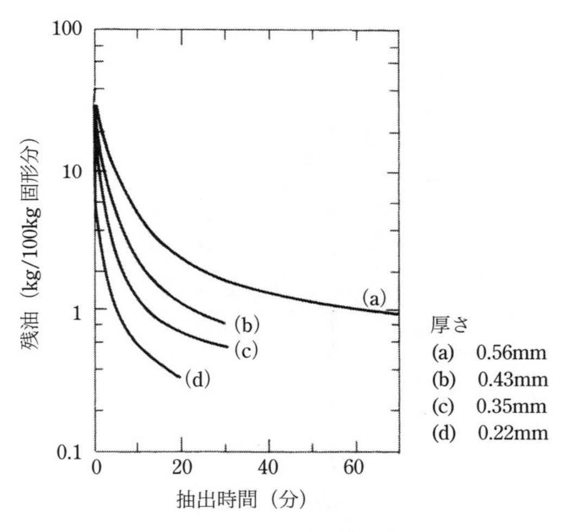

図 2.6　大豆フレークの厚さと残油の関係

$$T=KD^n$$

T：残油が1％になるまでの抽出時間

D：フレークの厚さ

K：定数

n：2.3〜2.5

が成立することが実験的に確かめられており，フレークの厚さが 2 倍になると，残油が 1％になるまでの抽出時間は 4.9〜5.7 倍にもなる．

抽出機は，ルルギ社，デスメット社（図 2.7），ボールマン社（図 2.8），クラウン社などのベルト式と，ロートセル（図 2.9），カーセルなどの回転円形セル式の 2 つに大別されるが，いずれも溶剤をスプレー状にして原料に振りかける．そのため，原料が繰り返し溶剤と向流的に接触し，効率的に油分が抽出されることから，残油

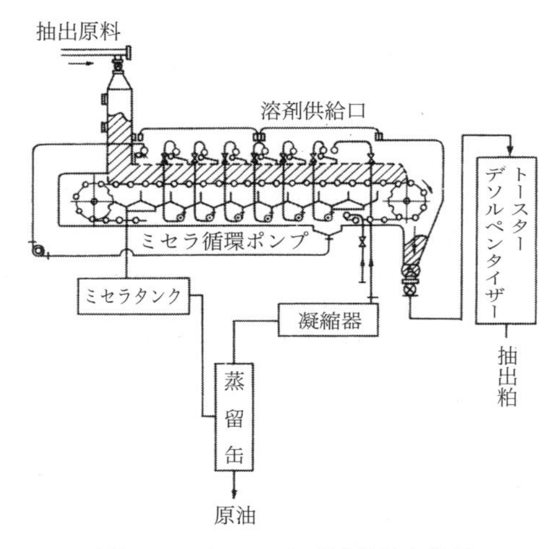

図 2.7 デスメット式連続抽出装置

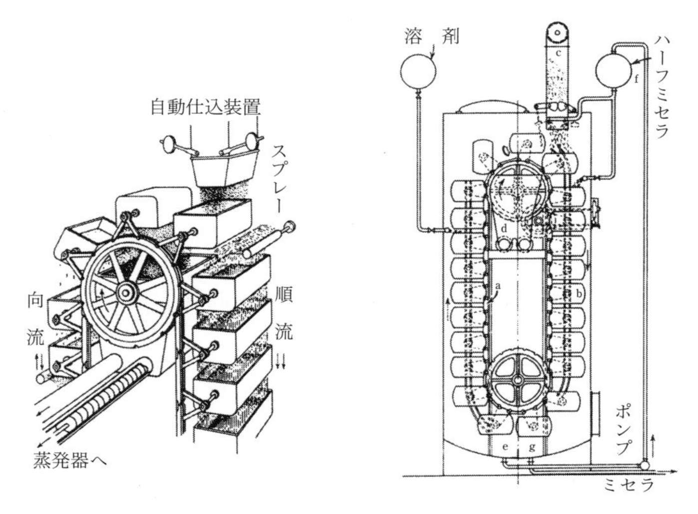

図 2.8 ボールマン連続抽出装置（バスケット型）

図 2.9　ロートセル抽出機（ドラボー社）

は 1%程度になる．抽出機はスケールメリットを出すため，生産量の多い海外の工場では競ってその大型化が進められてきたが，安全面やメンテナンス上の問題などから大型化によるデメリットも生ずる．今日の大豆搾油工場の場合，5,000 トン / 日程度の原料処理能力をもつ抽出機が設置されることが多いようである．

抽出溶剤としてはアセトン，各種アルコール類，液化ブタンなどが研究されたが，今日では世界的にヘキサンがもっとも一般的である．日本では，唯一ヘキサンのみが食品添加物として認められている．ただし，最終食品の完成前に除去されなければならない．

(5)　圧 抽 法

先にも述べたが，油分の多いナタネ，綿実，アマニ，コプラなどの製油はまず圧搾で大半の油をしぼり（予備圧搾），油分を 20%程度にしてから抽出にかける方法が一般に採用されている．これを圧抽法と呼ぶ．

抽出機から出てきた油のヘキサン溶液（ミセラ）の油分濃度は通

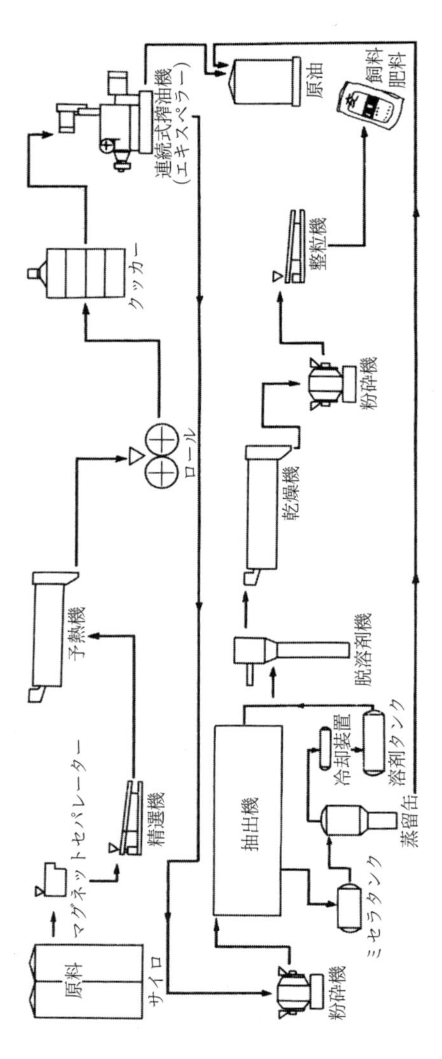

図 2.10 植物油の圧抽法

常25〜30％である．その後ヘキサンは減圧蒸留で回収され，油と分けられる．この際，完全に溶剤を取り除く必要がある．なお，この工程でできるだけ低温で処理することは，油の品質を維持するうえで重要である．また油粕は，栄養的価値を高めるため適切な条件で熱処理することが必要で，ディッソルベンタイザー・トースターと呼ばれる脱溶剤装置では，溶剤の除去を行うと同時に熱処理を行い，飼料としての価値を高めている．

(6)　アルコンプロセス

大豆油を精製する際に，大半のリン脂質は脱ガム工程で水和除去されるが（後述），一部，非水和性リン脂質が脱ガム後も油中に残存する．この非水和性リン脂質は，大豆中のホスホリパーゼが採油の間にリン脂質を分解することによって生成する．このため，前処理時に速やかに加熱処理することによりホスホリパーゼを失活させ，非水和性リン脂質の生成を抑制する．

アルコンプロセスは，特にフィジカル･リファイニング（physical refining）法（2.2.5参照）で大豆油の精製を行う際に，リン脂質の少ない大豆原油を得る目的でルルギ社（ドイツ）によって開発された採油法である．具体的には，大豆の前処理段階でフレークに加水して急速に加熱し，水分15〜16％の下で100℃，20分程度保持することにより酵素（ホスホリパーゼ）を失活させる．その後，乾燥により10％前後の水分としたものを用いて抽出する．こうして得られた原油中のリン脂質は水可溶性が大きく，水脱ガム法によりリン脂質含量を0.03〜0.05％程度まで容易に低下させ，フィジカル・リファイニング法で十分良質な食用油を製造することが可能となる．この方法は，東南アジア，欧州などの地域で工業的に採用されている．

(7) エクスパンダー法

エクスパンダー（expander）法は，エクストルーダー（extruder）法ともいい，油脂の抽出に際して，通常の方法で得られたフレークをエクストルーダーにかける方法である．加熱しながら高い剪断力をかけることにより，フレークは多孔質となって原料の組織を溶剤の通りのよい状態に変化させる．エクストルーダーを通したフレークは通常のフレークよりはるかにカサ比重が大きくなり，抽出効率は30％以上向上する．しかも多孔質のためヘキサンの通りがよく，油脂が抽出されやすい．そのため，この方法は抽出能力を約2倍に拡大でき，エネルギー効率が良い方法と言える．主に米国やブラジルにおいて，大豆や綿実の抽出に広く使用されている．

2.1.2 動物油脂の採油

牛脂，豚脂，魚油をその動物体から採油する方法は，植物油脂をその種子や果実などから採油する方法とは大きく異なる．動物油脂の採油は，原料を加熱して原料中の油脂を取り出す（レンダリング）方法をとり，大別して乾式法および湿式法に分けられる．前者は原料を直火，または水蒸気で間接的に加熱し脂肪分を融出させる方法であるが，その際，原料に水分を加えることなく行われる方法であることから，乾式法と呼ばれている．後者は，熱湯とともに煮沸する方法で，湿式法と呼ばれている．

動物脂と植物油の搾油方法の違いは，動物細胞と植物細胞の構造の違いによる．動物細胞は細胞膜のみで細胞が形作られているが，植物細胞は細胞膜の周りがさらにセルロースを主成分とする細胞壁で覆われている．植物細胞では加熱により細胞が破壊されることはないが（大豆を炒っても油は出てこない），動物細胞は加熱により細胞膜が破壊されるため，細胞内に蓄積された脂肪分（油）が融出する（肉を焼くと油（脂）が滴り落ちる）．このような違いがあるため，搾油法が異なるのである．

(1)　乾式採油法

乾式法の採油方法を図 2.11 に示す．原始的な採油法であるが簡単に作業ができるため，現在も各地において牛，豚の脂身（あぶらみ）より採油する際，多く用いられている．この方法では，細断した脂身部分を平鍋に投入し，直火で加熱するうちに脂身より油脂分が分離し表面に浮かび始める．脂身に含有される 20％程度の水分が表面から蒸発するが，水分がなくなると油温は 130～140℃以上に上昇し始めて油の品質を低下させるため，ここで油分を上からすくい取って別の容器に静置し，その上澄み油分を貯蔵タンクまたはドラムへ取る．この牛豚脂原油は，その後，一般の精製工程を経て精製牛脂，精製ラードとなる．

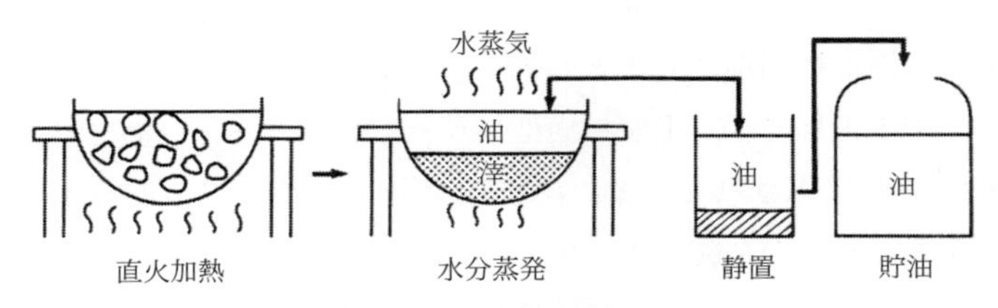

図 2.11　動物油脂の乾式採油法（1）

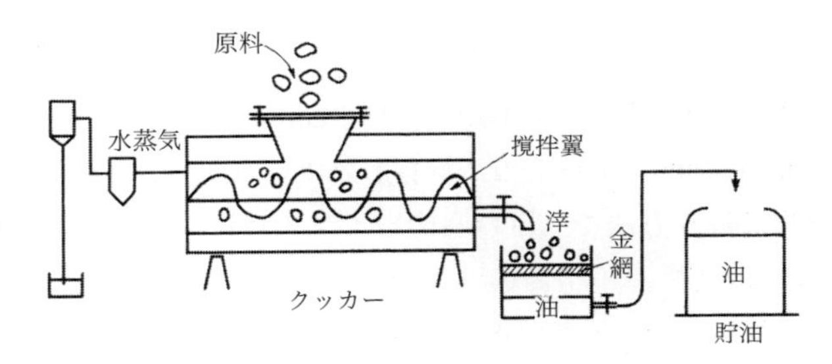

図 2.12　動物油脂の乾式採油法（2）

これを大量に取り扱う方式としたのが図2.12である．直径2〜3 m，長さ4 m程度の横型ドラム状のクッカーの頂部より原料脂肉を投入し，その後密閉する．そして，クッカーのジャケット部分に水蒸気を通じて間接的に加熱する．投入された原料は，加熱と同時にドラム内部にある攪拌翼により攪拌され，油脂分の融出が促進される．内容物の温度は240°F（115.5℃）以下で1〜2時間保持される．牛，豚などの脂身の組成は，通常，油分70%，水分20%，繊維質などの固形分10%であるが，加熱によって水分は蒸発するため，これを排気系統（水シャワーまたはスチームジェット）により吸引する．高温で融出すると水分の蒸発が激しく，リン脂質が油脂に溶け出すため変色しやすい．逆に温度が低いと，脂身が溶解せずに固形分として存在しているために油脂と固形分を圧搾により分離することが困難になり，油脂の歩留まりが低下する．そのため，この方法で好ましい品質の油脂を得るには減圧で行う．減圧することにより，極端に高温にせずとも効率よく水分を除去することができる．大型の工場では，上記の横型ドラム型クッカーを発展させた連続密閉型も採用されている．融出の終わった時点で全内容物を排出すると，受皿の金網によって油分と残滓が分離される．残滓からは，水圧プレスまたは遠心分離機を用い，油分をできるだけ分取する．なお，油分を数パーセント含んだ滓（おり）は冷却後粉砕されて飼料，肥料用として利用される．

米国では食用牛脂を連続低温融出法（continuous low temperature rendering method）で得る方法も行われている．これは脂肪の分離を機械的に行う方法で，原料脂肉をミンチ状にした後，熱交換機で適温に加熱し，遠心分離機で油脂とタンパク質に分ける．油脂の収率は劣るが，この方法で得られるタンパク質は良質であるため，ソーセージ用などに使用される．

(2)　湿式採油法

a.　牛脂・豚脂の採油

牛，豚のように脂身部分を分別できる原料については前記の乾式法が行われていたが，着色が甚だしく，酸化による油分の劣化も問題であることから，湿式法が採用されるようになっている．湿式採油法には常圧で行う方法と加圧して行う方法があり，前者が低温法，後者が高温法である．特に高温法は蒸気融出法（steam rendering）ともいい，米国のラードの大部分はこの方法で採油されており，プライム・スチーム・ラード（prime steam lard）と呼ばれている．原料を細断し，少量の水を加えて水蒸気を吹き込んで沸騰させて空気を追い出した後，密閉加圧し，2.5～5 kg，130～145℃に保って油脂分を分離する方法である．

蒸気融出法の利点は，簡単な設備で油脂の収率が良い（乾式法よりも 10～20％収率が高くなる）こと，処理時間も約 1 時間と短い時間ですむこと，水と油脂が共存しているためタンパク質が油脂中に溶け出ることが少ないこと，油脂が色焼けしないことなどがあげられる．欠点としては，加水分解によって油脂中の遊離脂肪酸がやや多くなることと，油脂を除いたタンパク質が水で希釈されるため，これを濃縮するのに多くの熱量を必要とすることがあげられる．

品質の良い油脂とタンパク質を得るために，いくつかの連続融出法が開発された．その 1 つが遠心分離融出法で，アルファ・ラバル（Alfa-Laval）のセントリフロー方式がわが国においても採用されている（図 2.13）．この方式の特徴は，脂身が 80～90℃の比較的低い温度で迅速に処理されるため，油分の着色はもちろん，油脂酸化においても高品質のものが収率よく得られることにある．はじめ，原料脂肉はミンサーで荒挽きにされ，同時に直接蒸気吹き込み加熱に

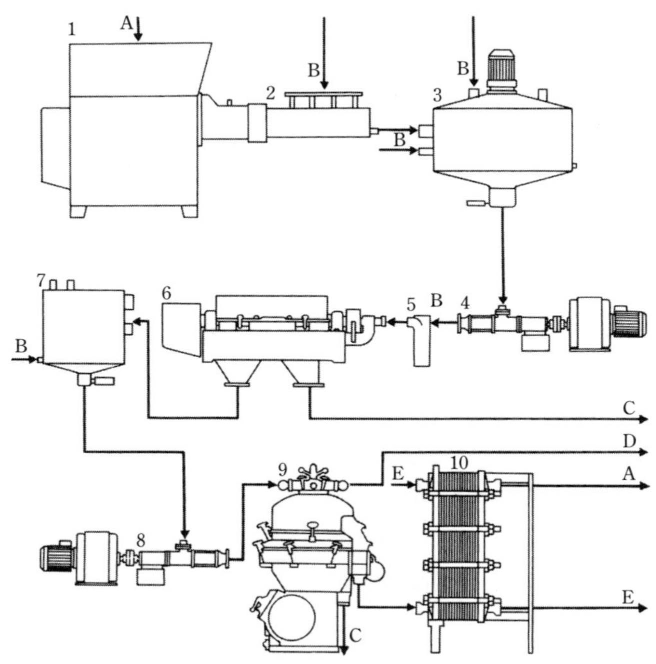

1：ミンサー

2：メルティングチューブ（水蒸気がここで原料にインジェクションされ，ポンプで移動可能な程度に溶解される）

3：第 1 中間タンク

4：変速機付スクリューポンプ

5：スチームインジェクター（ここで製品は分離温度 85℃に加熱される）

6：デカンター（第 1 段遠心分離機）（ここでほとんどの固形分は除去される）

7：第 2 中間タンク

8：変速機付スクリューポンプ

9：高速遠心分離機（第 2 段遠心分離機）（ここで製品は完全に清澄され，純粋な油脂になる）

10：プレート式熱交換器（ここで製品油脂は貯蔵温度にまで冷却される）

A：プロダクトフロー　B：水蒸気　C：クラックリング（固形分）

D：プロセスウォーター　E：冷却水

図 2.13　セントリフロー採油装置

よって密閉状態で50～55℃に均一加熱される．加熱された原料は一度中間タンクに蓄えられ，その後スクリューポンプによりスチームインジェクターに送られ，数秒以内に85～90℃に加熱される．ドロドロに溶けた状態の原料は，デカンターと称する横型遠心分離機により固形分と水，および油の液状部分とに分けられ，液状部分はさらに遠心分離機によって油分，水分および少量の残滓分とに分離される．得られた油分は熱交換機を用いて40℃の貯蔵温度にまで冷却される．

酵素による加水分解で肉の組織を破壊して油脂を分離する方法もある．例えば，pH6.0～7.5，60～80℃でタンパク質分解酵素パパイン0.005～0.02％を加える方法や，パパインとフィシンを併用する方法であるが，これらは油脂分の融出時間を30～70％短くすることと収率を向上することに寄与している．

b.　魚油の採油

イワシなどの小魚類から魚油を得る方法として，魚を平鍋で海水とともに20～60分煮沸することが古くから行われてきた．この方法を煮取（にとり）法という．しかし，漁獲量が増えるとともに魚油の採油も機械化が進み，さらに得られる魚油の品質も向上してきた．

魚油，魚粕の生産では蒸煮と圧搾が重要であり，装置としてはクッカーとプレスを連続的に行う機械を用いる．米国のミーキン式クッカープレス（プレスマニファクチャリング社）が基本となっており，その後，幾多の改良が加えられている（図2.14）．

この方法では，魚を水蒸気で蒸し，圧搾して魚油とタンパク質などを連続的に分離しやすくしている．水蒸気で蒸す工程で魚体の組織が熱凝固したり溶けたりするため，油分と水分が分離しやすくなる．蒸煮が不十分だと魚粕からの油脂と水の分離が不十分だっ

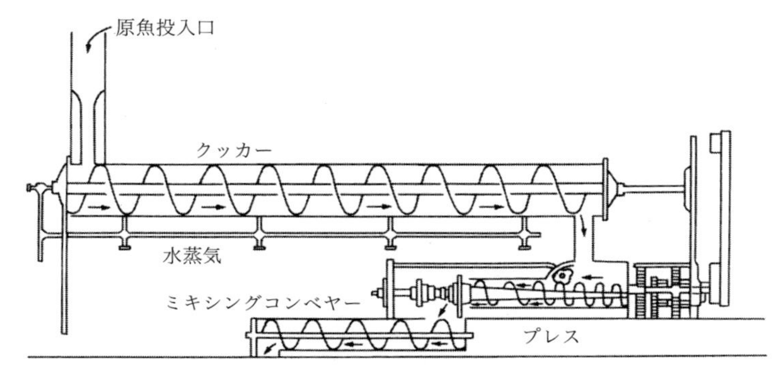

図 2.14　ミーキン式クッカープレス

たり，油と水が乳化し作業能率や歩留まりが低下したりする．さらに，魚粕の中に油分と水分が残っていると，その乾燥に時間を要し，貯蔵中に油が酸化し，品質が低下する．逆に，過度の蒸煮はタンパク質などの変質，油脂の酸化を引き起こすため好ましくない．

圧搾作業は蒸煮に続いて行う．圧搾工程で温度が下がると魚肉中のゼラチンが凝固し，油と水が流れ出しにくくなる．その結果，圧搾後の魚粕含水量の目標値である 50% を上回り，その後の乾燥に時間を要する．なお，油（魚油）と水を遠心分離機で分離したのち，魚油は貯油槽へ送られる．

2.2 油 脂 の 精 製

採油された原油は，そのままでは風味が悪く，食用とすることはできない．また，ガム質，色素，微量金属，においの成分，その他不純物を含み，これらが保存中または使用中に酸化や変敗を促進するため，十分に精製除去しなければならない．このように，好ましくない不純物を除去する精製の工程には，以下に述べるように脱ガ

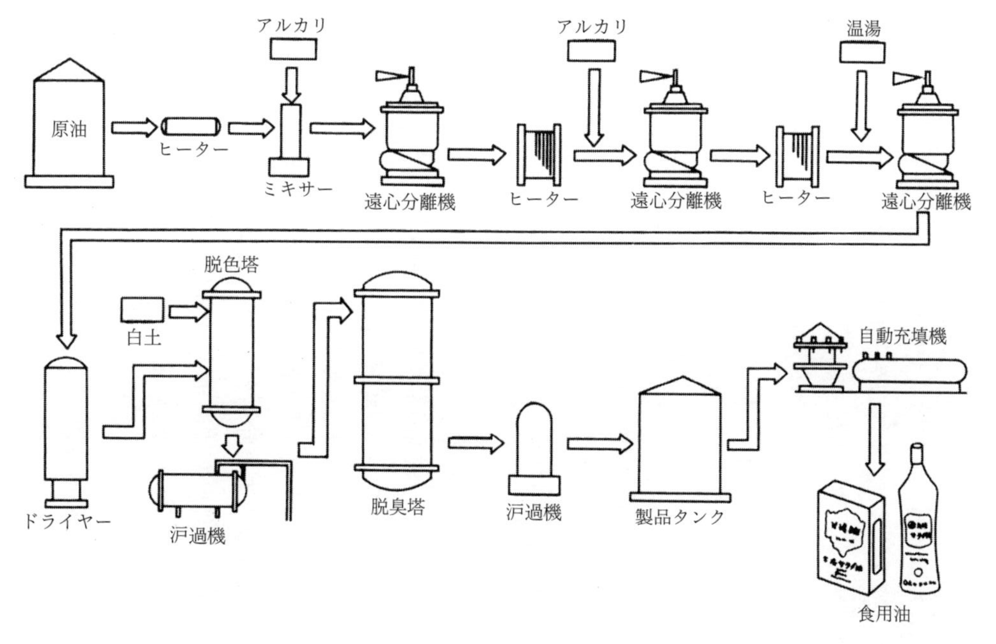

図 2.15 油脂の精製工程

ム，アルカリ脱酸，脱色，脱臭などの操作がある（図2.15）．

2.2.1 脱ガム

一般に原油には，リン脂質や樹脂状物質などのガム質，炭水化物，タンパク質など，不純物が含まれている．これらの物質は水蒸気を吹き込むか，水を加えてかき混ぜることによって水和し，水溶性となる．水溶液中の不純物は，水層で沈殿物とするため遠心分離機で分離される．水和の工程でシュウ酸，クエン酸，リン酸などの有機酸の水溶液を用いるとガム質は一層ひきしまり，分離が容易となる．大豆原油のリン脂質は2～3%であるが，こうして得られた油のリン脂質含量は0.03%程度となる．この工程を脱ガムと呼ぶ．なお，脱ガムが不十分であると，アルカリ脱酸の収率が低下するのみならず製品の品質も悪くなる．

2.2.2 アルカリ脱酸

アルカリ脱酸は，脱ガムした原油に炭酸ナトリウムやカセイソーダ（水酸化ナトリウム，NaOH）の水溶液を加えてかき混ぜ，油中の遊離脂肪酸を油に溶けない脂肪酸セッケンの形にして分離する工程である．これは，脱ガム工程で十分除去できなかった不純物，微量金属，および色素を除去する工程でもある．最終的に，アルカリ脱酸油中の遊離脂肪酸は0.01～0.03%まで除去され，リン脂質は0.0015%以下と，ほぼ完全に除かれる．これらの脂肪酸やリン脂質の含量を分析することにより，油が適正に精製されたか否かを知ることができる．また，油脂の着色の原因である綿実油中のゴシポールや，大豆油，ナタネ油中のカロテノイドやクロロフィルは，アルカリと結合したり，脂肪酸セッケンに吸着されたりすることで除去されるため，油の色が淡くなる．油中の微量金属はセッケンの形で

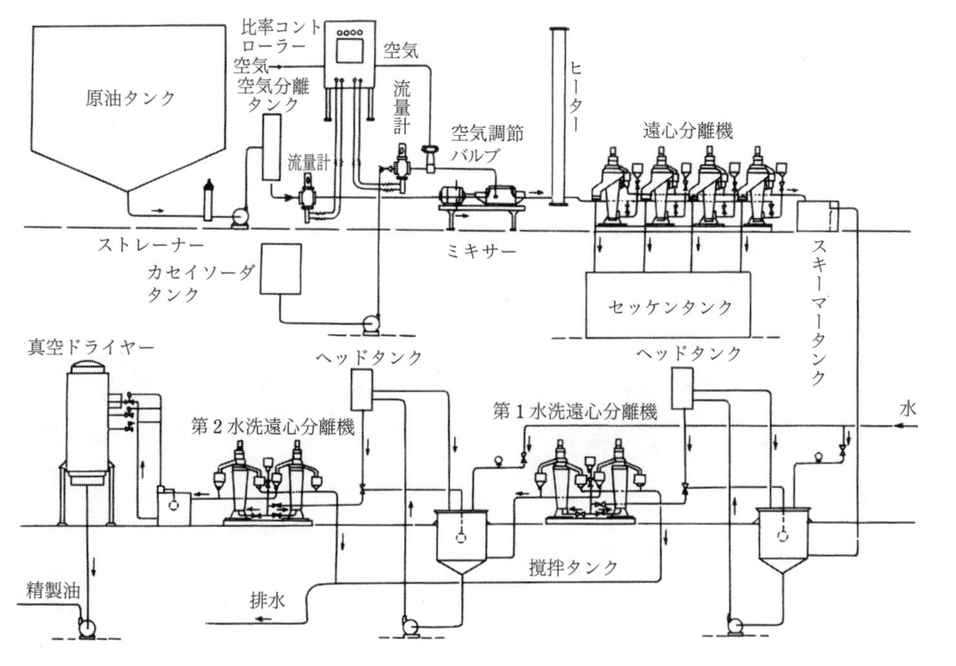

図 2.16 シャープレス式連続アルカリ脱酸装置

存在するが，アルカリ精製によっていくらか取り除かれる．アルカリ精製が適切でないと収率が悪くなったり，次の脱色，脱臭工程が十分に機能しなくなったりする．

シャープレス式連続アルカリ脱酸装置を図 2.16 に示す．その他にも，2.2.5 項で後述するミセラ脱酸法，ゼニス法などが知られている．

アルカリ脱酸はバッチ式と連続式の 2 つがあるが，原理的には原油の酸価やガム質，色度，その他の品質に応じて適当量のアルカリを加えてかき混ぜ，生成したセッケン分を静置して分けるのがバッチ式であり，連続的に遠心分離機で分離するのが連続式である．今日では生産効率の良い連続式が一般的であるが，バッチ式も多品種少量生産に向くという利点もあるため，一部では行われている．

アルカリ脱酸は，単に油中の遊離脂肪酸を除去するだけでなく，リン脂質，色素，金属およびその他不純物を除くために行うもので，通常，脂肪酸を中和するのに必要なアルカリ量よりもやや多いアルカリを使用する．アルカリとしてはカセイソーダが主で，比重 8～30° Bé（ボーメ比重，ボーメ計と呼ばれる比重計（器具）を液体に浮かせて測定した比重）のものを使用するが，12～20° Bé のものがよく用いられる．大豆油，ナタネ油，落花生油，サフラワー油など脱酸がやりやすい油では，12° Bé のアルカリを原油に対して中和に必要な量よりも 0.15～0.3％多く使用して精製する．綿実油はゴシポールが存在しているため，通常 16° Bé のアルカリを 0.3～0.6％多く用いて精製する．脱色の困難な油の場合は，さらにもう一度，高濃度（20～40° Bé）のアルカリ溶液を 1～1.5％（対原油）用いて再精製すると色が淡くなる．アルカリの濃度や使用比率は大きい方が製品の色度は良くなるが，過剰のアルカリは中性油をも分解してセッケンを生成し，収率が低下するため，それらの条件は油の品質，機械設備，経済性に応じて決められる．

アルカリの使用量の一例を以下に示す．例えば，脂肪酸含量1%の綿実油を16° Béのカセイソーダ0.3%過剰で精製するとき，そのアルカリ溶液使用量 Y（%）は次の通りとなる．

$$\text{カセイソーダ溶液使用量}\ Y(\%) = \frac{\text{脂肪酸含量}(\%) \times f + \text{過剰量}(\%)}{\text{アルカリ濃度}(\%) \div 100}$$

$$\text{ただし，}\ f = \frac{\text{カセイソーダの分子量}}{\text{脂肪酸の分子量}}$$

脂肪酸をオレイン酸と考えると，その分子量は282であるから，

$$f = \frac{40}{282} = 0.142$$

また，16° Béのカセイソーダ溶液の濃度は11.06%であるから，

$$E(\%) = \frac{(1.0 \times 0.142) + 0.3}{11.06/100} = 4(\%)$$

すなわち，16° Béのアルカリ溶液を原油100 kgに対して4 kg用いればよい．このときのアルカリ過剰率 E（%）は，

$$E(\%) = \frac{\text{使用した全アルカリ量}}{\text{脂肪酸の中和に必要なアルカリ量}}$$

$$= \frac{1.0 \times 0.142 + 0.3}{1.0 \times 0.142} = 310\ (\%)$$

となる．また，油の酸価がわかっていれば，アルカリ溶液使用量 Y（%）は容易に求められる．

$$Y(\%) = \frac{\text{酸価} \times 0.0713 + \text{過剰量}(\%)}{\text{アルカリ濃度}(\%) \div 100}$$

カセイソーダのボーメ比重と濃度（重量%）との関係を表2.1に

表 2.1 カセイソーダのボーメ比重と濃度の関係

ボーメ比重（Bé）	カセイソーダ濃度（重量%）
10	6.57
12	8.00
14	9.50
16	11.06
18	12.68
20	14.36
22	16.09
24	17.87
26	19.70
28	21.58
30	23.50

表 2.2 油脂の脂肪酸含量とアルカリ溶液使用量

脂肪酸含量（オレイン酸%）	アルカリ溶液使用量（対原油%）				
	12°Bé	14°Bé	16°Bé	18°Bé	20°Bé
0.6	1.07	0.90	0.77	0.67	0.59
0.7	1.24	1.05	0.90	0.78	0.69
0.8	1.42	1.20	1.03	0.89	0.79
0.9	1.60	1.35	1.16	1.00	0.89
1.0	1.78	1.50	1.29	1.11	0.99
1.1	1.95	1.65	1.41	1.23	1.09
1.2	2.13	1.80	1.54	1.34	1.19
1.3	2.31	1.95	1.67	1.45	1.29
1.4	2.48	2.10	1.80	1.56	1.39
1.5	2.66	2.25	1.93	1.67	1.49
1.6	2.84	2.40	2.06	1.79	1.58
1.7	3.02	2.54	2.18	1.90	1.68
1.8	3.20	2.69	2.31	2.01	1.78
1.9	3.37	2.84	2.44	2.12	1.88
2.0	3.55	2.99	2.57	2.23	1.98
2.1	3.73	3.14	2.70	2.35	2.08
2.2	3.91	3.29	2.83	2.46	2.18
2.3	4.08	3.44	2.96	2.57	2.28
2.4	4.26	3.59	3.08	2.68	2.37
2.5	4.44	3.74	3.21	2.80	2.47

表 2.3 アルカリ過剰量とアルカリ溶液使用量

過剰量（カセイソーダ%）	アルカリ溶液使用量（対原油%）				
	12°Bé	14°Bé	16°Bé	18°Bé	20°Bé
0.05	0.62	0.53	0.45	0.39	0.35
0.10	1.25	1.05	0.90	0.79	0.70
0.15	1.87	1.58	1.35	1.18	1.05
0.16	2.00	1.69	1.44	1.26	1.12
0.17	2.12	1.79	1.53	1.34	1.19
0.18	2.25	1.90	1.62	1.42	1.26
0.19	2.28	2.00	1.71	1.50	1.33
0.20	2.50	2.10	1.81	1.58	1.39
0.21	2.63	2.21	1.90	1.66	1.46
0.22	2.75	2.31	1.99	1.74	1.53
0.23	2.88	2.42	2.08	1.81	1.60
0.24	3.00	2.52	2.17	1.89	1.67
0.25	3.13	2.63	2.26	1.97	1.74
0.26	3.25	2.73	2.35	2.05	1.81
0.27	3.38	2.84	2.44	2.13	1.88
0.28	3.50	2.94	2.53	2.21	1.95
0.29	3.63	3.05	2.62	2.29	2.02
0.30	3.75	3.15	2.71	2.37	2.09
0.31	3.88	3.26	2.80	2.44	2.16
0.32	4.00	3.36	2.89	2.52	2.23
0.33	4.13	3.47	2.98	2.60	2.30
0.34	4.25	3.57	3.07	2.68	2.37
0.35	4.37	3.68	3.16	2.76	2.44
0.36	4.50	3.78	3.25	2.84	2.51
0.37	4.62	3.89	3.34	2.92	2.58
0.38	4.75	3.99	3.43	3.00	2.65
0.39	4.88	4.10	3.58	3.07	2.72
0.40	5.00	4.21	3.61	3.15	2.79
0.41	5.13	4.31	3.70	3.23	2.86
0.42	5.25	4.42	3.80	3.31	2.93
0.43	5.38	4.52	3.89	3.39	3.00
0.44	5.50	4.63	3.98	3.47	3.06
0.45	5.63	4.73	4.07	3.55	3.13
0.46	5.75	4.84	4.16	3.63	3.20
0.47	5.88	4.85	4.25	3.70	3.27
0.48	6.00	4.95	4.34	3.78	3.34
0.49	6.13	5.16	4.43	3.86	3.41
0.50	6.25	5.26	4.52	3.94	3.48

示す．さらに，油脂の脂肪酸含量（オレイン酸％）と，その中和に必要なアルカリ溶液量（対原油％）を表 2.2 に示す．また，アルカリ固形分で表した過剰アルカリ（％）と，それに対応するアルカリ溶液使用量（対原油％）を表 2.3 に示す．

工場では，これらの表で得られた数値のアルカリを用いてアルカリ脱酸を行う．ただし，ヤシ油，パーム核油のように分子量の小さい油脂の場合は，表 2.2 は使用できないため注意を要する．

2.2.3 脱　　色

アルカリ脱酸された油は色が濃く，そのままでは食用に供しにくいため，白土や活性炭で脱色処理を行う．脱色工程では，クロロフィルやカロテンなどの色素を除くだけでなく，アルカリ脱酸で取りきれなかった重金属の脂肪酸セッケンやガム質など，油の酸化促進物質が完全に除去される．

植物油の色素は熱処理でも脱色されるが不純物の除去などは十分ではなく，活性白土と活性炭を併用することで，十分に吸着脱色される．脱ガム，アルカリ脱酸が適正に行われた油であれば，その脱色は容易で大きな問題はない．ただし，早霜の影響等によりクロロフィルが多く含まれる種子から採油したキャノーラ油の場合は，脱色は難しくなる．また，パーム油を長期に保管することによりカロテノイドが酸化した場合や，綿実油を搾油する際に過熱しすぎてゴシポールが変化した場合などは，いずれも色素が油と結合してしまうため，脱色だけで品質改善を行うことは難しく，アルカリ脱酸→再精製→脱色と一連のプロセスを考える必要がある．

微量金属の除去は，脱色工程のもう 1 つの大事な役目である．例えばニッケル含量 10.1 ppm の水添脂は，アルカリ脱酸ではニッケル含量がわずかに低下して 6.7 ppm になったが，白土処理では完全に除去されたという報告がある.

(1) 白土の脱色作用

白土は産地によっても異なるが，基本的には火山灰が長年の間に風化し，地熱によって熱化学的に反応してできたモンモリロナイト $Al_4Si_8O_{20}(OH)_4 \cdot nH_2O$ を主成分とする鉱物である．Al イオンが水素で置換されているほど色素の吸着力は大きくなる．酸性白土は，湿ったリトマス試験紙と接触させると試験紙が酸性を示すため，このような呼称となった．なお，白土の分子中に存在する OH 基が色素吸着能を有する．酸性白土を酸処理，水洗，乾燥したものはアルミニウムが溶けて水素で置換され，さらに色素吸着力が増大する．これを活性白土という．

活性白土は，極性原子団に対して強大な吸着力を有する．水やアルコールは極性が高いため活性白土と結合しやすく，これらが存在すると白土は脱色力を失う．したがって，油脂の脱色では油を十分に乾燥させて水分を除いてから行う．一方，興味深いことに，活性白土は 10～18％の水分を含むが，この水分を乾燥除去して保存したのち脱色剤として使用すると，脱色力が著しく低下する．この理由は正確には解明されていないが，白土の水分がモンモリロナイト分子の活性表面と弱く結合して表面を保護しており，脱色に際しては水分が蒸発してくると同時に活性表面で色素と置換結合するため，と考えられる．したがって，脱色条件は水の沸点以上の温度でなければならない．ただし，あまり温度が高いと油脂の酸化や加熱着色が起こることから，通常 100℃程度の温度で減圧下にて行う．

(2) 白土使用量

白土使用量は油の品質によって変わるが，通常，対油 0.5～3.0％を用いる．白土使用量が多ければ当然，油の色はより淡くなる（図 2.17）.

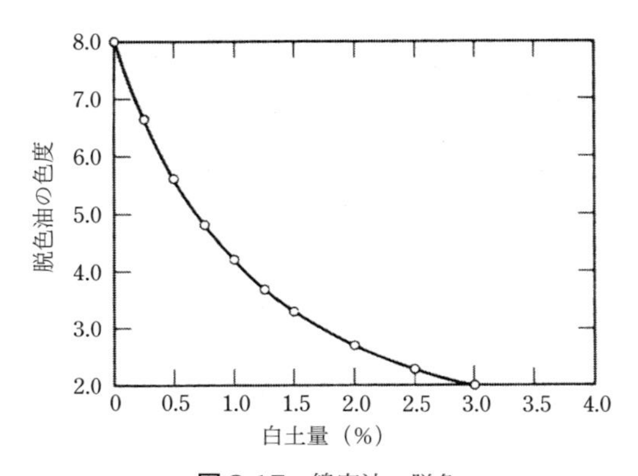

図 2.17　綿実油の脱色
（K. F. Mattil, F.A. Norris, A. J. Stirton and D. Swern, Bailey's Industrial Oil and Fat Products, John Wiley & Sons, Inc., 1964）

油脂の脱色は白土の吸着表面と色素との親和力による吸着現象であると考えられ，次の式が成立する．

$$x/m=KC^n$$

x：吸着された色素の量

m：吸着剤の量

C：吸着されないで油中に残っている色素

K, n：定数

白土量が増えれば吸着量も増え，油の色素量が多ければ多いほど吸着色素量も大となる．

$$\log(x/m)=\log K+n\log C$$

すなわち，x/m と C との関係を対数目盛りで表すと，図 2.18 のように直線となる．

図 2.18 から求めた K は 1.14，n は 0.84 であった．K は白土の脱

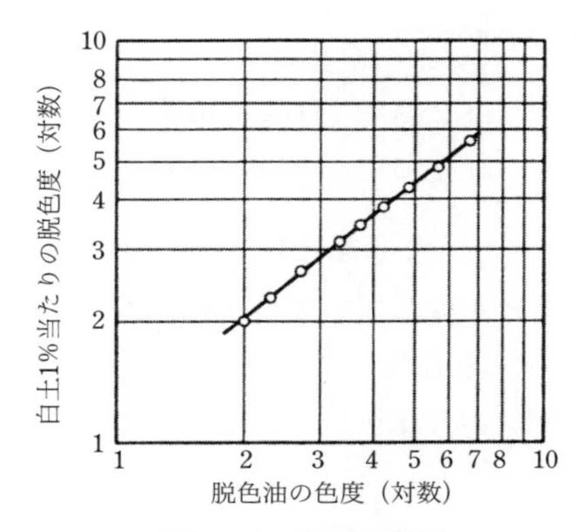

図 2.18 綿実油の脱色
(Bailey's Industrial Oil and Fat Products)

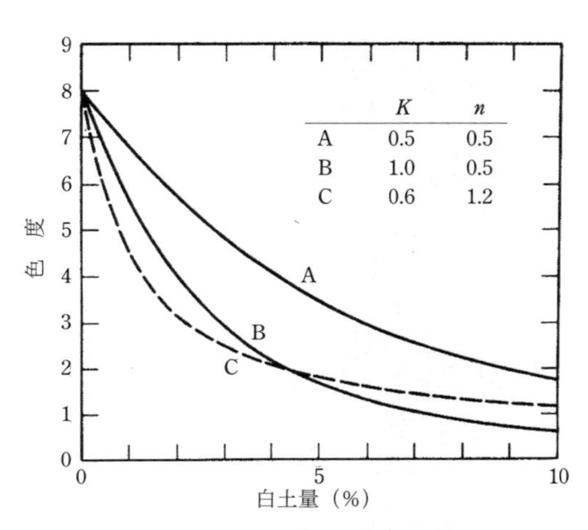

図 2.19 理論上の脱色曲線
(Bailey's Industrial Oil and Fat Products)

色力を，n は吸着のメカニズムを表すと考えられる．いま仮にA，B 2つの白土で次の実験式

$$白土(A)\qquad x/m=0.5C^{0.5}$$
$$白土(B)\qquad x/m=1.0C^{0.5}$$

が求められたとすると，白土AはBの2倍の量を必要とすることになり，脱色力はBが優れている．また，もし n が大きいとき，色の濃い油の脱色では脱色量は大きいが，淡色になるにつれて急速に脱色力は低下する（図 2.19）．

(3) 脱色装置

脱色装置にはバッチ式と連続式があり，今日では連続式が一般的である．連続式の脱色装置では，所定の温度に加温された油と白土とが一定の割合で混ぜられ，スラリー状になったものが減圧下の

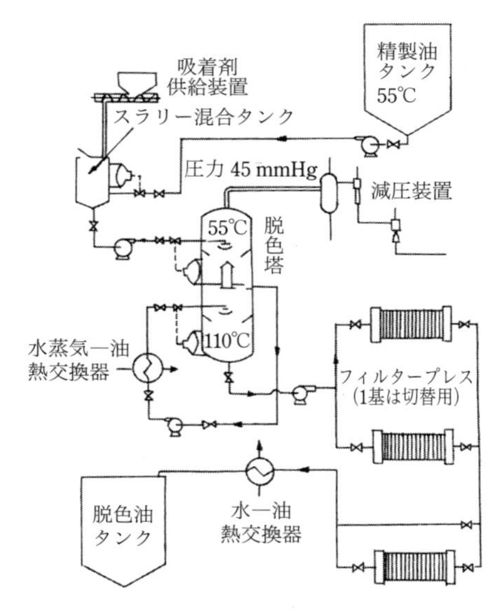

図 2.20 連続式脱色法

チャンバーに投入される．チャンバー内でスラリーは撹拌され，色素が白土に吸着される．このときの撹拌方法としては，脱色塔の下層にわずかな水蒸気を吹き込む方法と，機械的に撹拌機でかき混ぜる方法がある．脱色が終了した油は連続的に脱色塔から取り出され，白土をフィルタープレスなどの沪過器で沪別して脱色油を得る．沪過後の白土には40%程度の油が吸着されているため，窒素や水蒸気を沪過後の白土層に通して油を一部回収する．これにより白土の油分を20～30%程度に下げることができる．

沪過器から排出した白土は温度が高く，風通しが良い場所に放置すると吸着した油の酸化熱で自然発火することがある．このため，排出した白土は金属の不燃容器に密閉するなど極力空気との接触を避けて，常温まで冷却する必要がある．

2.2.4　脱　　臭

脱臭は，高温・高真空下で油中の有臭成分やその他の揮発性成分を取り除き，安定性の高い風味の良い油をつくるために行うもので，油脂精製のもっとも大事な最終工程である．有臭成分を完全に取り除くためにはできるだけ高真空にし，高温にしなければならないが，あまり高温にすると油が変質したり収率が悪くなったりするため，油の種類によって条件を変えなければならない．脱臭は真空水蒸気蒸留の1つであって，水蒸気の吹き込み量が重要な脱臭条件の1つである．脱臭をうまく実施すれば油の色は淡くなり，過酸化物は分解除去され，酸化安定度も高くなる．脱臭では有臭成分だけでなく遊離脂肪酸も取り除かれ，通常の脱臭油でその酸価は0.2以下となる．酸価によって脱臭の良否をある程度推定できる．

(1)　蒸 気 圧

脂肪酸の蒸気圧は油に対し非常に高い．脱臭温度を仮に250℃とすると炭素数18の脂肪酸の蒸気圧は約30 mmHg（図2.21）で，脱臭を5～7 mmHgの真空下で行うと脂肪酸は蒸発するが，水蒸気を吹き込むことによりさらに蒸発しやすくなる．油のにおい成分の蒸気圧はさらにこれよりも高く，容易に蒸発，除去できる．

天ぷら油は揚げ物をするとき熱をかけるが，脱臭が不十分である油を用いると，残留している脂肪酸が原因で発煙したり，さらに温度が上昇すると引火したり，発火したりするため危険である．脂肪酸含量と発煙点，引火点および発火点との関係を図2.22に示す．通常の食用油の酸価は0.15（脂肪酸として0.08%）以下で発煙点は200℃以上となり，天ぷら温度（180℃）より高いため問題はない．

油脂および代表的なトリグリセライドの蒸気圧と沸点の関係を表2.4に示す．表2.4で見ると，トリラウリンの蒸気圧は250℃で約0.05 mmHg，大豆油の蒸気圧は250℃で約0.001 mmHg程度である．

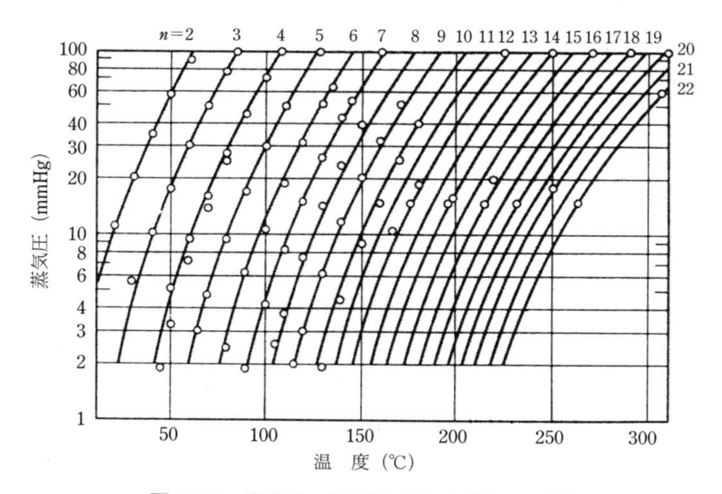

図2.21　脂肪酸の炭素数（*n*）と蒸気圧の関係
(W. S. Singleton and K. S. Markley, "Fatty Acids", 2nd ed., Interscience, New York, 1960)

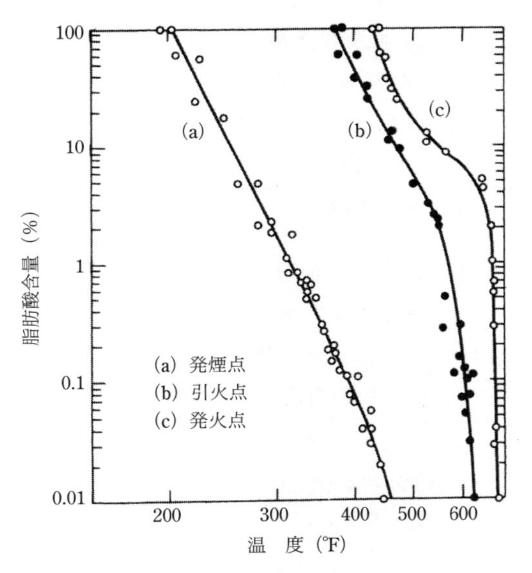

図 2.22 油の脂肪酸含量とその性質
(℃＝(℉－32)×5/9)

表 2.4 トリグリセライドの沸点と蒸気圧の関係

	0.05 mmHg	0.001 mmHg
トリラウリン	244℃	188℃
トリミリスチン	275	216
トリパルミチン	298	239
トリステアリン	313	253
ミリストパルミトステアリン	297	237
オレオジステアリン	315	254
大豆油	308	254
オリーブ油	308	253

(2) 水蒸気吹き込み量と脱臭損失

先に述べたように，脱臭は一種の水蒸気蒸留で，水蒸気分圧と脂肪酸の蒸気分圧の和が脱臭時の真空度となり，留出する脂肪酸の量は分圧に比例する．

$$\frac{W_\mathrm{B}}{W_\mathrm{S}}=\frac{M_\mathrm{B}\cdot P_\mathrm{B}}{18\cdot P_\mathrm{S}}=\frac{284}{18}\times\frac{EP_\mathrm{B}}{(\pi-EP_\mathrm{B})}$$

W_B：留出物の重量

W_S：吹き込んだ水蒸気の重量

M_B：留出物の分子量

P_B：留出物の分圧

P_S：水蒸気の分圧

E：蒸気効率（通常0.6～0.7）

π：系内の圧力

実際の脱臭工程では，極めて微量の脂肪酸やにおいの成分が多数流出物に含まれるため，その１つ１つを計算式に組み入れることは不可能である．また蒸発効率についても設備，デザインなどによって大きく変わる．このため，上式をそのまま実機の設計に使用することには問題があるが，特定の装置で実験し，収率などをモデル的に解析するときの考え方の基礎にはなる．

いずれにしても留出物の量は水蒸気吹き込み量に比例し，脂肪酸のみならず，トリグリセライドも留出して脱臭損失の原因となるため，脱臭条件の選択には注意を要する．またこのほかにも，いわゆるエントレインメント（油が小滴となって蒸気中に飛散して気流に運ばれること）による損失や，油脂の分解による損失などがある．これらの損失は設備の形式，大きさなどによって異なるが，真空度が高いほど，水蒸気吹き込み量が多いほど，温度が高いほど，

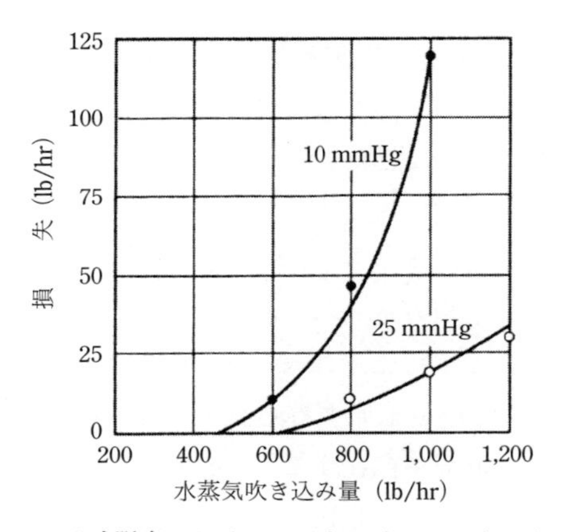

図 2.23　バッチ式脱臭におけるエントレインメントによる油の損失
(A. E. Bailey, *Ind. Eng. Chem.*, 33, 404–408, 1941)

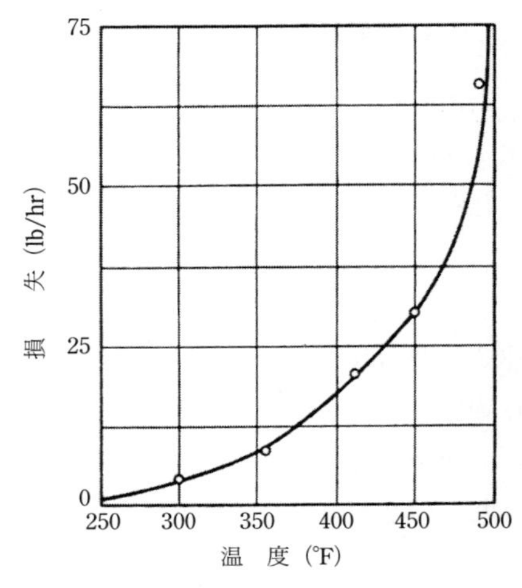

綿実油　20,000 lb
水蒸気吹き込み量　350 lb/hr
圧　力　350 lb/hr

図 2.24　バッチ式脱臭における脱臭温度と油の損失
(A. E. Bailey, *Ind. Eng. Chem.*, 33, 404–408, 1941)

脱臭損失は増加する．連続式脱臭設備では，酸価が 0.2 の原料油を 250℃，5～10 mmHg で脱臭するとき，脱臭損失は 0.2～0.8％程度といわれている．

(3) 脱臭温度と油の品質

非常に高温（280℃）で大豆油を脱臭すると淡色になって色の戻りは改善されるが，トコフェロール含量が減少して酸化安定度（AOM）が低下し，共役酸やジエン酸，さらにはトランス脂肪酸が増加する．一方，酸化防止剤は熱に弱いため，脱臭後，油を 70～80℃以下に冷却してから添加する必要がある．ただし，植物油には既に天然の酸化防止剤が存在するため，一部の油を除いて，通常，酸化防止剤は添加しない．また，シナージストとしてクエン酸，リン酸，シュウ酸，アスコルビン酸などは有効であり，脱臭直後，油温 130～160℃で添加する．シナージストはあまり低い温度で加えても効果が表れず，適度の油温で有効となる．また，油中の微量鉄分はカルボニル化合物と結合して錯化合物をつくっているともいわれ，脱臭時の加熱によってカルボニル化合物が分解し，鉄分が遊離した際にシナージストが作用し，鉄分を不活性化するという報告もある．いずれにしても脱臭，熱処理の方法はシナージストの効果にも影響する．

(4) 脱臭装置

脱臭装置にはバッチ式と連続式があり，連続式には，数段のトレイをもった脱臭塔の上部から間けつ的に油が次々と下のトレイへ下降しながら水蒸気脱臭される半連続式脱臭法（図 2.25）と，連続的に下降する完全連続式（図 2.26）の 2 通りの方法がある．

脱臭油は冷却された後，脱臭塔から取り出され，最終的な沪過仕上げを行う．油を加熱する方法は，欧米ではダウケミカル社のダウサム A（ビフェニルとジフェニルエーテルの 3：7 混合物）などの

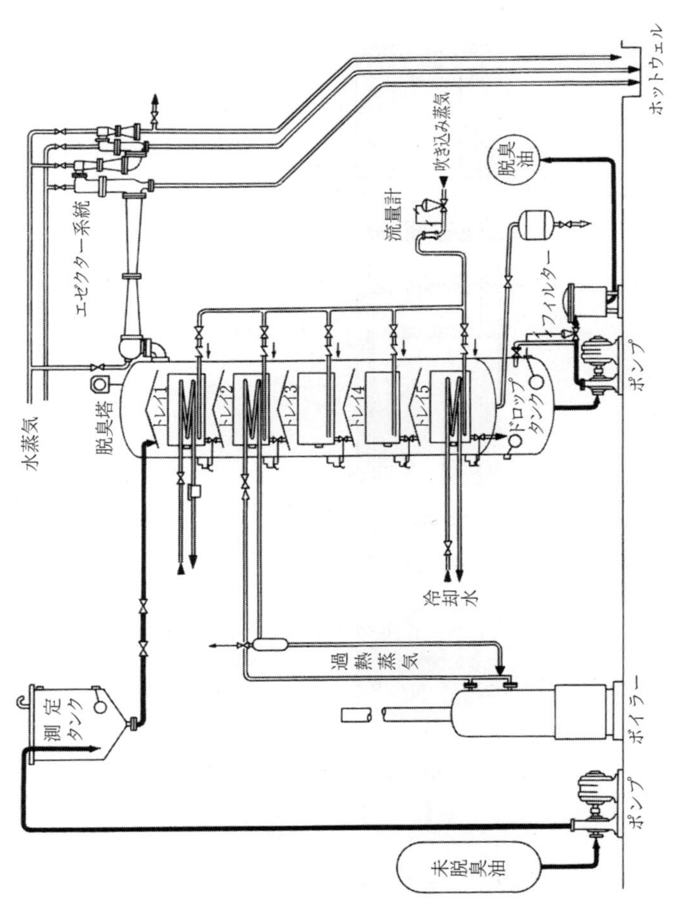

図 2.25 ガードラー式半連続脱臭装置

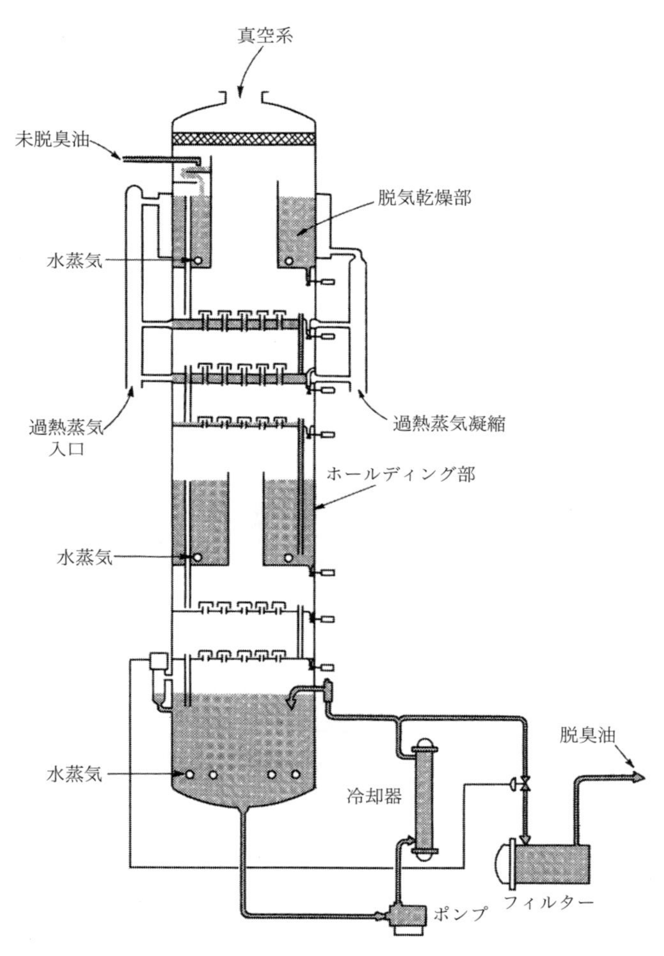

図 2.26 ウースターサンガー式連続脱臭装置

化学合成品の熱媒体が使用されている場合もあるが，日本ではカネミ油症事件以来，熱媒体として高圧水蒸気を用いる方法のほか，電熱や燃焼ガスで直接加熱するなど，化学合成品を使用しない方法に移行した．

以上のほかにもいろいろな精製法が開発されており，例えばパーム油を脱酸しないで白土脱色した後脱臭する，フィジカル・リファイニング（physical refining）法はアルカリ工程が省略され，排水が少なく，経済的であるといわれている．

2.2.5 特殊精製

油脂の精製法には，以下に示すいくつかの特殊な技術がある．

(1) フィジカル・リファイニング（Physical Refining）法

フィジカル・リファイニング法（PR 法）はスチーム・リファイニング（steam refining）法（SR 法）とも呼ばれ，ヤシ油やパーム油など，比較的リン脂質の少ない油脂の精製に有効で，特にマレーシアでパーム油の精製に広く採用されている．

原油に約 0.1％のオルトリン酸を添加し，80～100℃でガムコンディショニングを行った後，活性白土を用いて脱色処理することにより脱ガムと脱色を同時に行い，次の脱臭工程で遊離脂肪酸と有臭成分を同時に除去して良質の食用油を高収率で製造する方法である．一般のアルカリ脱酸法では，原油の酸価が高いときには中性油の乳化が起こったり，乳化した中性油のけん化分解によって精製歩留まりが大幅に低下したりする．これに対して PR 法は，アルカリ脱酸をしないため中性油のけん化分解による損失がなく，歩留まりが高い．またアルカリ脱酸と比較して設備費が抑えられ，運転コストが安く，副生する脂肪酸の品質が良いなどのメリットがある．しかし，PR 法は「脱ガムが不十分」などの品質が低い原油を精製す

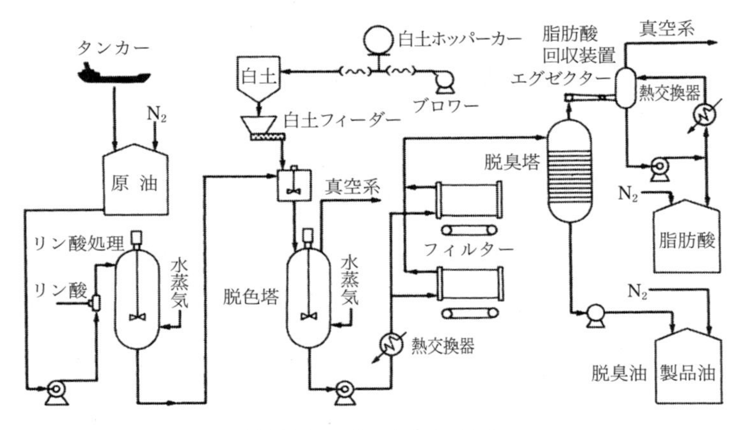

図 2.27 パーム油の PR 法
(アルファ・ラバル社)

る場合，脱色が困難であったり精製後の油の品質が低くなったりするなどのデメリットもある．パーム油の PR 法の工程を図 2.27 に示す．

(2) ゼニス法

ゼニス法は，図 2.28 に示すような工程である．第 1 段階のリン酸ユニット（P-ユニット）で原油にリン酸を添加し，加熱，撹拌して，ガム質を遠心分離，除去する．第 2 段階の中和ユニットでは，向流式に原油とアルカリ水溶液を効率よく接触させて，アルカリによって脱酸する．第 3 段階の脱色ユニット（C-ユニット）では，中和ユニットから移された原油にクエン酸と活性白土を添加して脱処理した後，活性白土を沪過除去して精製脱色油を得る．脱色油は，次いで脱臭装置にかけられて最終製品となる．

ゼニス法は，品質の一定したパーム油やラードなどの油脂を安定的に精製するのに優れたプロセスと考えられ，特に食用加工油脂の

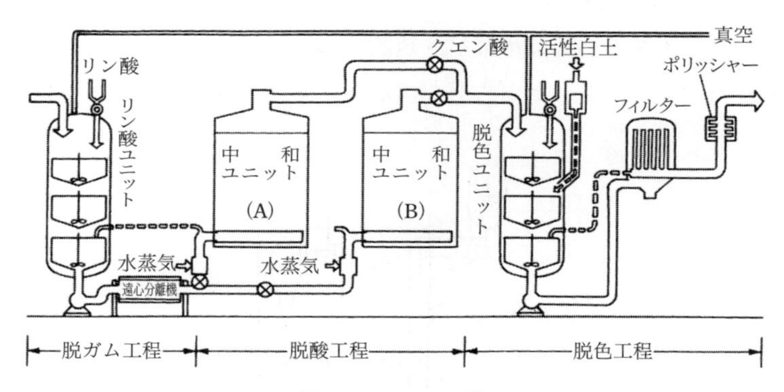

図 2.28　ゼニス法
(三浦事務所カタログ)

分野で採用されている．洗浄部分がないため強力な遠心分離などを必要とせず，比較的スペースが小さく，大きな動力を必要としないため騒音も少なく，床なども清潔に保てる．

(3)　ノイミ法

コメ油の酸価は通常 20〜30 程度と高く，これに普通のアルカリ脱酸をほどこすとアルカリ使用量が多く，油脂の乳化が起こり，中性油の一部がけん化分解され，精製歩留まりが極端に悪くなる．ノイミ法は，溶剤を用いてアルカリ脱酸し中性油とセッケン分を液－液抽出分離するもので，コメ油やオリーブ油のように高酸価の原油を収率よく精製する方法として開発された．

(4)　ミセラ精製法

綿実油の精製法として，米国のランチャー社のミセラ精製法が古くから知られている．これは，原油のヘキサン溶液（ミセラ）を用いて脱酸，ウインタリングを連続的に行うものである．再精製や脱色の工程が省略でき，精製歩留まりが大きく，ミセラのままウインタリングができるため液状油の収率が良いとされる．

(5) 薄膜式脱臭法

脱臭効率を高めるためには，装置内の油層圧を含めた真空度をできるだけ低く保つことが大事で，油層が薄ければ薄いほど脱臭効率

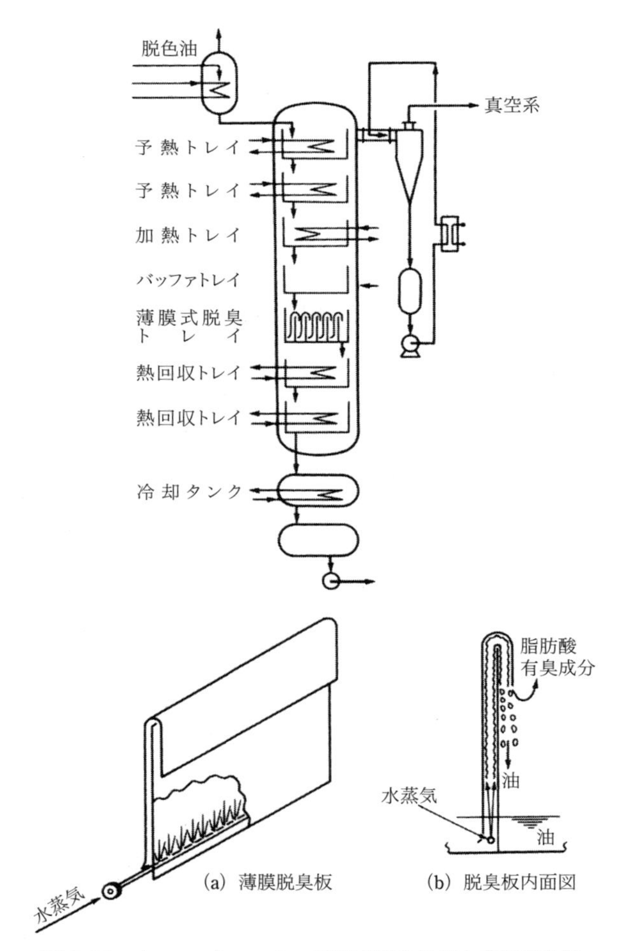

(a) 薄膜脱臭板　(b) 脱臭板内面図

図 2.29 キャンプロ-ミウラ薄膜式脱臭装置と薄膜脱臭板
(三浦事務所カタログ)

は良くなり，脱臭時間も短くてすむ．この考え方より，油層を薄くする工夫を施した脱臭装置が開発された．キャンプロ-ミウラ薄膜式脱臭装置では，図 2.29 のように薄膜脱臭板を何枚も重ね，下から水蒸気を吹き込み，脱臭板面に薄い油膜（2～3mm）を形成させて脱臭を行う．脱臭時間は 12 分程度で十分とされている．さらに最近では，脱臭塔内の充填物表面を油が流下することによる薄膜カラム式の脱臭装置も登場している．

2.3　油脂の加工法

油脂の加工法には食用，工業用ともに種々あるが，食用精製加工油脂については，日本農林規格（JAS）において水素添加，分別，エステル交換の 3 つの加工法が認められている．工業用の加工法では，そのほか加水分解，グリセリンの製造法，高級アルコールの製造法などがあるが，これらについてはそれぞれの項目で述べる．

2.3.1　水素添加

(1)　水素添加の目的と種類

油脂の脂肪酸の二重結合に，還元ニッケルなどの触媒によって水素を付加させることを“水素添加（水添）”という．

$$-\underset{|}{\overset{\text{H}}{\overset{|}{\text{C}}}}=\underset{|}{\overset{\text{H}}{\overset{|}{\text{C}}}}- + \text{H}_2 \xrightarrow[\text{還元ニッケル触媒}]{} -\underset{\text{H}}{\underset{|}{\overset{\text{H}}{\overset{|}{\text{C}}}}}-\underset{\text{H}}{\underset{|}{\overset{\text{H}}{\overset{|}{\text{C}}}}}-$$

この反応によって，油脂成分の不飽和脂肪酸は飽和脂肪酸となり，ヨウ素価は低下し，融点が上昇，固体脂の量が増加する．油脂の水素添加は“硬化”ともいい，得られた水素添加油脂を“硬

化油”，食用の場合には“食用硬化油”という．水素添加の目的は，食用，工業用ともに油脂の不飽和度を減らすことにより，

i） 融点の上昇，固体脂量の増加

ii） 酸化安定剤，熱安定剤の向上，色相，におい，味の改良

が果たされ，物理的，化学的にその用途に適した製品を得ることである．

水素添加の程度には種々ある．例えば，安定性を向上させ，風味の良好な融点の低い硬化油を得るために，リノレン酸以上の高度不飽和脂肪酸を飽和化する比較的軽度の水素添加や，ショートニングやマーガリンの配合用として適度な固形脂を含む硬化油を製造する部分水素添加がある．ただし，この両者に厳密な区別はない．さらに，二重結合を極力飽和化する水素添加があり，この方法による製品を極度硬化油という．このような水素添加によって，植物油脂，動物油脂の用途が広がり，両者の互換性が拡大した．

歴史的に見ると，欧州では魚鯨油を硬化してろうそく，セッケン，マーガリンの原料に利用し，日本も追随した．また米国では，綿実油を硬化して良質のショートニングを製造したり，大豆油の生産の拡大に伴って，水素添加後ウインタリングして安定性の高いサラダ油を製造した．

上記のほか，牛脂をはじめ各種の硬化油を脂肪酸原料とするなど，水素添加は油脂加工の重要な加工工程となっている．

(2) 水素添加の実際

a. 原料油脂

水素添加を順調に進めるためには，油脂中に触媒の活性を低下させる物質，すなわち触媒毒が含まれないように前もって十分除去しておく必要がある．油脂は動物体および植物種子などから採取するため，トリグリセライド以外に微量の不純物を含んでいる．ま

た，前処理工程から混入する二次的な不純物，トリグリセライドの変質による生成物などが含まれていることがある．不純物の種類と触媒が毒化される機構は様々であるが，遊離脂肪酸，リン脂質，含硫黄物質，不けん化物，タンパク質，およびそれらの分解物，セッケン，酸化生成物などは何らかの影響を及ぼす．触媒毒は一般に植物油脂よりも動物油脂に多い．触媒が被毒すると，水素添加速度が低下するばかりでなく，後に述べる二重結合の位置および幾何異性化反応が予想以上に進み，反応の経過が乱れ，部分水素添加においては期待した物理的および化学的性質をもつ硬化油が得られないことがある．さらに被毒が激しいときは，水素添加が停止する．したがって，原料中の触媒毒の除去と二次的な触媒毒の混入や生成を防ぐために，原料油脂の保存，脱スラッジに始まる脱ガム，脱酸，脱色などの精製工程を注意深く管理する必要がある．

b.　触　　媒

油脂の水素添加，特に後で述べる選択的水素添加における触媒の役割は重要である．触媒能をもつ金属は，白金属，ニッケル属の金属および銅であるが，これらが1種または他の2種以上の金属と組み合わせて用いられる．実用的にもっとも多く用いられるのは，ニッケル触媒である．硬化用の触媒は担体に付着させて用いることが多い．この理由は，触媒の活性表面積を広げ，その触媒効率を上げるためであり，担体の使用によって触媒の使用量が少なくてすむ．担体としてはケイソウ土が経済的であることから一般的に使われているが，アルミナなども適している．

ニッケル触媒：油脂の水素添加に用いられるニッケル触媒の製法には乾式法と湿式法がある．さらに乾式法には，沈殿法と改良された電解沈殿法がある．

沈殿法は，硫黄ニッケルまたは硝酸ニッケルの水溶液から重炭酸ナトリウムや炭酸ナトリウムなどのアルカリによって炭酸ニッケルの沈殿をつくり，これを乾燥，粉末にして水素気流中，約500℃で還元する.

電解沈殿法は，電極のニッケル電解質に食塩を用い，電気分解によって水酸化ニッケルをつくり，これを前者とほぼ同様に還元して活性化する．この方法は工程が安定しており，沈殿法に比べて触媒毒になる硫黄化合物が混入しない点が良いといわれる.

湿式法は，ギ酸ニッケルを油脂中で加熱分解し，少量の水素を吹き込むか，もしくは減圧下約240～250℃で還元する.

触媒は活性化後，硬化油で被覆して空気と直接ふれないように安定化させているものが多く，フレークや小粒状にしてある．活性化後，安定化のために窒素のような不活性ガスを表面に吸着させたものや，少量の酸素でわずかに酸化させ粉末化したものもある．ニッケルに少量の銅を組み合わせて，水素添加の選択性を向上させた触媒もある.

銅触媒：ニッケル系より選択性が高く，銅のみのもの，銅－クロムや銅－クロム－マンガンなどの組み合わせがある.

その他の触媒：今後，実用化の可能性が高いのは白金属のパラジウム触媒である.

c. 水　　素

水素添加用の水素は，次の方法によってつくられる.

電解法：カセイカリまたはカセイソーダ水溶液を分解する方法と，食塩水溶液を隔膜法または水銀法で電解する方法がある．後者の水素ガスは塩素ガスで，カセイソーダ製造の副産物として安価である．ともに99.8％以上の純度のものが得られており，しかも触媒毒となる硫黄化合物の不純物を含まない.

スチーム・ハイドロカーボン法：天然ガスあるいは液化石油ガス

などの炭化水素と水蒸気とを触媒により分解して水素を発生させる．水素純度は99.9%以上のものが得られるが，原料中の硫黄化合物をあらかじめ除いて水素への混入を防がねばならない．この方法は米国で開発され，すでにわが国の硬化油工業でも使われている．このほかに水蒸気と鉄による方法，水性ガス法，アンモニア分解法などがある．

d. 水素添加装置

水素添加反応は，油脂，触媒，水素の三者によって行われる．極度硬化油のように水素添加をほぼ終点まで進める場合には，反応速度を速くするだけで効率が上がるが，食用硬化油製造で部分水素添加を行う場合には，反応物の混合はもとより温度の制御，触媒の種類，使用量，およびその活性が重要な要因となる．そのため，反応装置はこれらの諸条件を弾力的に設定しやすい，簡単なバッチ式

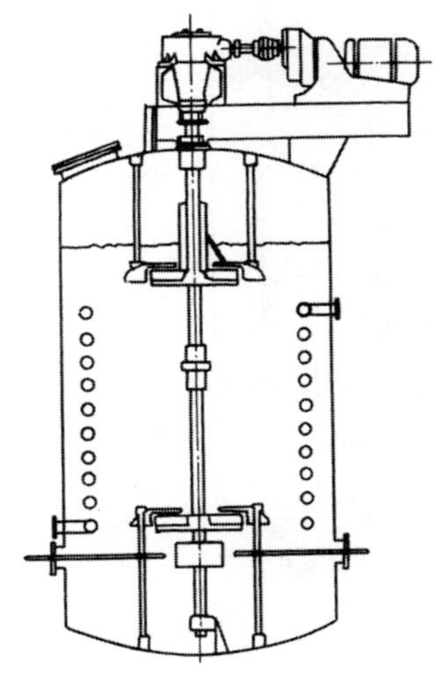

図 2.30 デッドエンド型オートクレーブ
(General American Transportation Corp.)

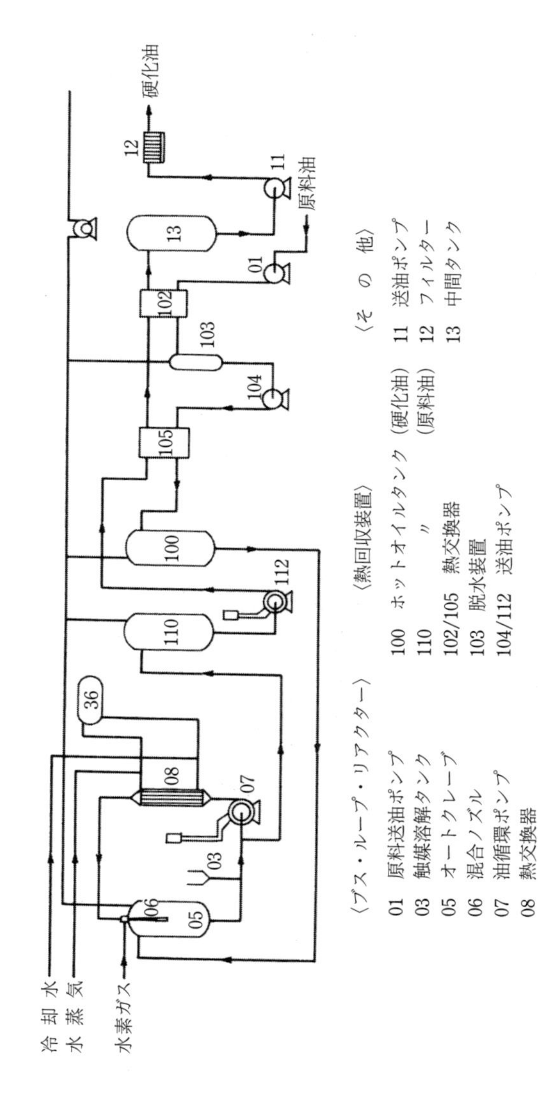
硬化油
12
11
原料油
13
01
102
103
104
105
100
112
110
36
08
07
03
06
05
冷却水
水蒸気
水素ガス
〈ブス・ループ・リアクター〉
01 原料送油ポンプ
03 触媒溶解タンク
05 オートクレーブ
06 混合ノズル
07 油循環ポンプ
08 熱交換器
36 低圧蒸気凝集物タンク
〈熱回収装置〉
100 ホットオイルタンク (硬化油)
110 〃 (原料油)
102/105 熱交換器
103 脱水装置
104/112 送油ポンプ
〈その他〉
11 送油ポンプ
12 フィルター
13 中間タンク

図 2.31 ブス・ループシステム

が主流となっている．特に触媒の活性は使用とともに劣化し，反応の進行が不均一となるため，触媒を新しく交換できる方式が適している．代表的なバッチ式装置はデッドエンド型オートクレーブであり，図2.30にこの略図を示した．水素は下部から油中に吹き込まれ，タービンによって攪拌，分散される．上部空間に抜けた未反応の水素はシャフトを囲む円筒状のスリーブを通ってタービンの攪拌により再び液中に巻き込まれる．工業的には5〜20トン容量のものが多い．バッチ式には水素循環システムを組み合わせた装置もあり，この場合にはオートクレーブの上部より水素を抜き取り，オイルセパレーターを通して再び塔底から吹き込む．反応で消費された水素量に応じて新鮮な水素を補充する．しかし，この方式はかなり複雑な水素循環系の保守が必要なこと，純度の高い水素の供給があればデッドエンド型の簡単な方式で十分であることなどの理由か

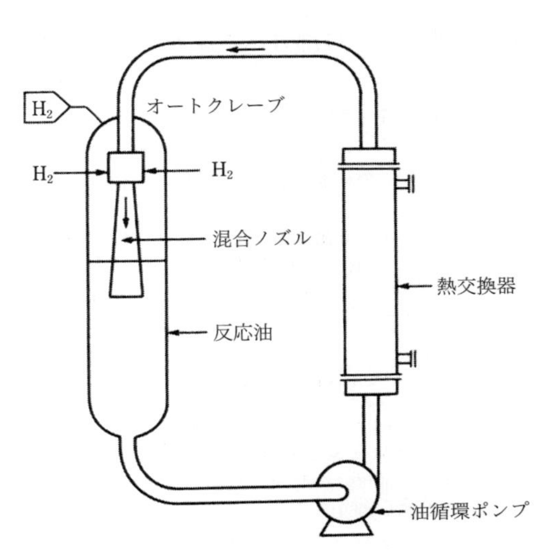

図2.32 ブス・ループ・リアクター

ら，普及度は低いようである．

他の方式として，初期には長い反応塔を用いて油脂と触媒を循環させるもの，逆に水素を循環させて撹拌するものなどがあった．

連続方式の一例として，ブス・ループシステムとそのリアクターを，それぞれ図 2.31 および図 2.32 に示した．これらは液体と気体の反応装置として歴史は長いが，近年，油脂の水素添加の省エネルギー法として注目され，欧州，東南アジアなどで実用化されている．油脂と水素の接触面積，水素添加に伴い発生する反応熱の有効利用において，極めて優れているとされている．

e. 水素添加反応の条件

水素添加反応では二重結合が飽和化されるが，それと同時に，異性化を起こす二重結合もある（後述「g. 異性化」の項を参照）．そして，これらの二重結合の飽和化，異性化が，生成した硬化油の物理的，化学的性質を左右するため，水素添加の反応は複雑である．特に食用硬化油のように部分水素添加を行う場合には，設定す

表 2.5 各種触媒の使用条件の範囲

触 媒 の 種 類	使 用 量（% / 油）	温度（℃）	水 素 圧 (kg/cm^2)
銅-クロム [a]	0.1～0.26（酸化銅として）	170～200	0.2
銅 [b]	0.3（酸化銅として）	170	0.2
銅-ニッケル [c]	0.1～1	200	常圧吹き込み
銅-クロム-マンガン [d]	1～2	100～200	常圧吹き込み
銅-クロム-マンガン [e]	1～2	170～195	3.5～7
パラジウム [f]	0.00015～0.00055	65～185	常圧～3.1

a) S. Koritala, *J. Am. Oil Chem. Soc.*, 45, 197, 1968.
b) S. Koritala, *J. Am. Oil Chem. Soc.*, 47, 106, 1970.
c) 前橋和友，矢野元一，油化学，11, 54, 1962.
d) 工静男，油化学，8, 253, 1959.
e) E. Kirschner and E. R. Lowrey, *J. Am. Oil Chem. Soc.*, 47, 237, 1970.
f) M. Zajcew, *J. Am. Oil Chem. Soc.*, 39, 301, 1962.

る条件によって硬化油の性状は大きく変わる．それは，次項で述べる選択性の問題が関係するからであり，食用硬化油の製造条件は原料油脂，触媒の種類，目的とする硬化油の性状によってそれぞれ選ばなければならない．

ニッケル触媒により植物油を水素添加する場合には，触媒量は油脂に対する金属ニッケル量として 0.05～0.15％，温度は 120～175℃，水素圧は常圧～5 kg/cm^2 程度の範囲で行うことが多く，撹拌速度反応器の様式によって変わる．脂肪酸や高酸価の動物油脂を水素添加する際は，温度は 150℃，高くても 175℃を超えないようにし，触媒量は 0.2～0.5％，水素圧は 15～20 kg/cm^2 のような条件で行う．

各種触媒の使用条件の実験例を表 2.5 に示した．

f.　水素添加反応の選択性

油脂の水素添加を考える場合に，脂肪酸をアシル基で表し，それぞれの二重結合の 1 つが水素添加されると，次のようになる（アシル基はグリセリンやメタノールなどに結合してエステルになっているとする．また，v_a，v_b，v_c はそれぞれの反応速度である）．

リノレン酸基

$$-OC(CH_2)_7CH{=}CH-{}^*CH_2-CH{=}CH-{}^*CH_2-CH{=}CHCH_2CH_3$$

$$+H_2 \xrightarrow{v_a} 2\text{不飽和酸}$$

リノール酸基

$$-OC(CH_2)_7CH{=}CH-{}^*CH_2-CH{=}CHCH_2CH_2CH_2CH_2CH_3$$

$$+H_2 \xrightarrow{v_b} 1\ \text{不飽和酸}$$

オレイン酸基

$$-OC(CH_2)_7CH{=}CHCH_2CH_2CH_2CH_2CH_2CH_2CH_2CH_3$$

$$+H_2 \xrightarrow{v_c} \text{ステアリン酸基}$$

この反応によって，二重結合3個のリノレン酸は2不飽和酸に，二重結合2個のリノール酸は1不飽和酸に，二重結合1個のオレイン酸は飽和酸のステアリン酸になる．ただし，1つの脂肪酸に二重結合が2〜3個ある場合，水素がどの二重結合へ最初に付加されるかについては，カルボキシル基に近いほど水素添加されにくいと一般に言われているが，実際の食用油脂の製造工程における現象についての議論はあまり行われていない．この二重結合の位置の問題とは別に，上記3つの水素添加反応を比較すると，反応速度はリノレン酸の場合がもっとも速く，次いでリノール酸，オレイン酸の順である．したがって，この3種類の脂肪酸が混合している場合は，リノレン酸の1個の二重結合が最初に水素添加される．また，リノール酸とオレイン酸が混合しているときは，リノール酸の1個の二重結合が先に水素添加される．このように，リノール酸よりリノレン酸，オレイン酸よりリノール酸の二重結合のほうが先に水素添加されることを，選択性と呼ぶ．

この反応速度の違いは，脂肪酸の構造が起因している．前記の脂肪酸を見ると，＊印のメチレン基（$-CH_2-$）は2個の二重結合にはさまれており，活性メチレン基と呼ばれて特に反応性に富んでいる．この数が多いほど水素添加の反応速度は大きく，リノレン酸に2個，リノール酸に1個存在するが，オレイン酸には存在しない．

それぞれの反応の速度および速度比は，水素添加条件の設定の仕方で変わる．通常，リノレン酸が2不飽和酸になる反応速度（v_a）は，リノール酸が1不飽和酸になる反応速度（v_b）の約1.5〜2倍の範囲である．また通常v_bは，オレイン酸がステアリン酸になる反応速度（v_c）の10〜30倍程度であるが，条件によっては100倍前後にすることも可能であり，逆に，約1〜2倍程度に留めることも可能である．水素添加において，反応速度v_a，v_b，v_cの比，すなわ

ち v_a/v_b, v_b/v_c などが大きくなる条件を選択的といい，小さくなる条件を非選択的という.

上記の3種の脂肪酸の混合物をもっとも選択的条件で水素添加すると，理論的には，まずリノレン酸がすべて2不飽和酸になるまでリノール酸は水素添加されない．さらに，リノール酸を含む2不飽和酸がすべて1不飽和酸になるまで，オレイン酸の水素添加は始まらないことになる．また，反対にもっとも非選択的条件で水素添加した場合は，リノレン酸およびリノール酸の1個の二重結合の水素添加とオレイン酸の水素添加が同時に起こることになる．実際の水素添加は，先に述べたように各種の異性化が伴うことによって複雑になる.

さて，反応の進行の細部を段階的に考えると，まず反応物質で油脂および水素は触媒表面に移動し，次に触媒の細孔へ拡散した後，活性点において吸着，反応する．それと同時に二重結合の異性化も起こる．こうして反応した油脂は逆コースをたどって触媒から離脱する．水素添加反応は，触媒表面に吸着された油脂の二重結合の量に比べて水素の量が極めて少ない場合により選択的となり，異性体の生成も多くなる．このことから，水素添加の条件の設定にあたり触媒が同一の場合には，それぞれの要因について一般的に表2.6のように考えてよい．なお，撹拌速度が速くなると，一般に触媒表面の水素濃度は増加し選択性は低下するが，撹拌効率は撹拌機の回転

表 2.6　水素添加条件と選択性

要　因	現　　象	触媒表面の水素濃度	選択性	異性化
反応温度上昇	水素の油脂中への溶解度減少	低　下	上　昇	促　進
触媒量増加	水素の消費速度の増加	低　下	上　昇	促　進
水素圧上昇	水素の油脂中への溶解度増加	増　加	低　下	抑　制

速度だけではなく，撹拌羽根や反応装置の様式によっても選択性は変化するため注意が必要である．

水素添加の選択性には，このほかに，既に触れたように脂肪酸鎖における二重結合の位置による反応速度の差や，トリグリセライド内の不飽和脂肪酸の位置による反応速度の大小も関係する．

g. 異性化

油脂の水素添加では，既に述べたように，二重結合が飽和化するものと，不飽和のまま異性化するものがある．

位置異性体：異性化の 1 つは，二重結合の位置の移動によって起こる位置異性化である．推定されている変化の経路を以下に示す．

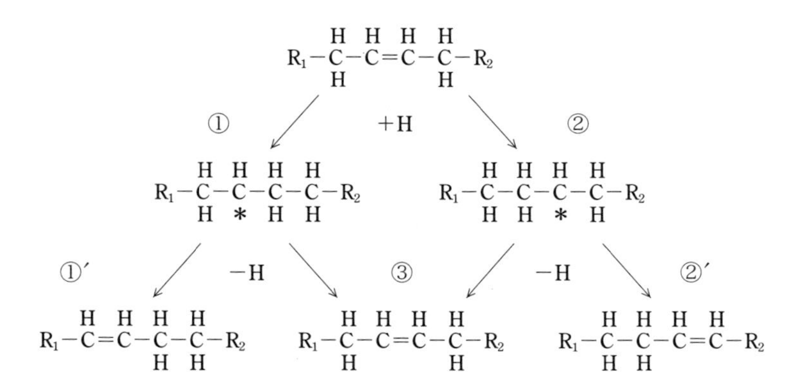

まず触媒の作用によって 1 つの水素原子が二重結合に付加すると，①，②のような 2 種のラジカル（基）ができる．

次に，このフリーラジカル（遊離基）の中で＊の隣の炭素から水素原子が引き抜かれると二重結合が再形成されるが，この際に，1 つはもとの位置に戻り③となり，同時に①′，②′のように新しい位置に二重結合をもつ異性体ができる．これは二重結合が①′においては左へ，②′においては右へ 1 つ移動したことになる．オレイン酸を例にとると，この酸の二重結合の位置はカルボキシル基の炭素から数えて9と10の炭素の間にあるが，水素添加の際に飽和化されないで位置異性化を起こすと8と9，および10の炭素の間に移動する．しかもこの2つの生成量は等しい．反応が進めば，二重結合はさらにこれらの位置から移動する．オレイン酸を水素添加した例によると，9の位置を中心として，生成した位置異性体はほぼ左右均斉に分布しており，水素添加の条件によって分布の範囲が広がっている．リノール酸以上の位置異性体の生成はさらに複雑であり，一般に銅系の触媒を使用するとニッケル系より異性化が速く進む．

幾何異性体：もう1つの異性化は，幾何異性化である．天然の油脂の二重結合は一般にシス型であるが，オレイン酸を例にとると，この二重結合がトランス化した幾何異性体はエライジン酸である．

シス型であるオレイン酸の融点が約11℃であるのに対して，トランス化したエライジン酸の融点は約45℃である．リノール酸，リノレン酸の場合には，シス，トランスの様々な組み合わせの異性化が起こる（言うまでもなく，位置異性化と同時に幾何異性化する二重結合もある）．そして，一般にトランス型の二重結合が増加すると油脂の融点は上がる．

したがって，硬化油中にトランス型の二重結合が増加すると融点が上がるばかりでなく，固体脂が増え，硬さが変わる．このように，部分水素添加の食用硬化油においては，トランス型の二重結合の生成量はその硬化油の融点や硬さに影響するため，水素添加条件

$$\begin{array}{l} H-C-(CH_2)_7-CH_3 \\ \quad\;\; \| \\ H-C-(CH_2)_7-COOH \end{array}$$

オレイン酸
シス型（融点約11℃）

$$\begin{array}{r} CH_3-(CH_2)_7-C-H \\ \| \quad\;\; \\ H-C-(CH_2)_7-COOH \end{array}$$

エライジン酸
トランス型（融点約45℃）

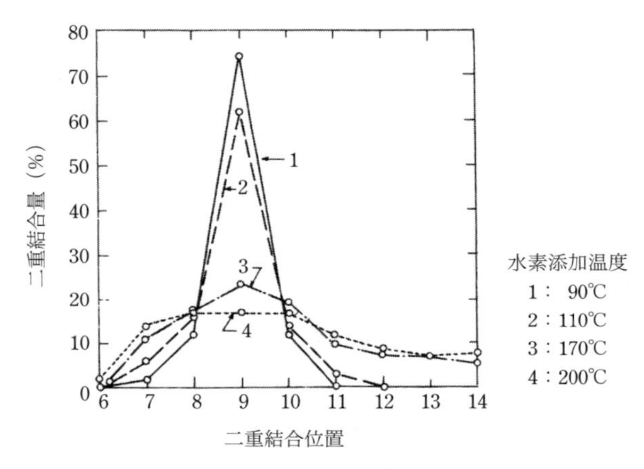

図 2.33 オレイン酸メチル（ヨウ素価約 50）の水素添加生成物における二重結合位置の分布
（R. O. Feuge and E. R. Cousins, *J. Am. Oil Chem. Soc.*, 37, 267, 1960）

を設定する際，この点に対する予測が重要である．一般に水素添加条件については，触媒量が多く，反応温度が高く，水素圧が低く，撹拌がおだやかなときに選択的条件となり，トランス異性化がより進行する．また，油脂中に触媒毒，特に硫黄化合物が混在して触媒が被毒されると，トランス化が進む（図 2.33）．

h. 水素添加操作と工程管理

反応条件の決定：水素添加にあたっては，硬化油の使用目的に従って条件を決めなければならない．特に食用硬化油の部分水素添加の際には，既に述べた選択性と異性化を考えあわせる必要がある．

油脂を水素添加する 1 つの目的は，空気酸化，熱変化に対する安定性の向上であるが，このためには天然油脂中の酸化されやすいリノレン酸やリノール酸を減少させなければならない．通常，オレイン酸の酸化速度を 1 とすれば，リノール酸は約 10 倍，リノレン酸は約20倍といわれている．したがって，まずリノレン酸を水素添加し，次いでリノール酸を水素添加することが望ましい．このような面から，条件は選択的であればあるほどよい．しかし，あまりに選択的であると，二重結合の位置異性体およびトランス異性体が増加する．位置異性体が増加すると，リノール酸の場合に二重結合が9と12の炭素の位置にある，いわゆる必須脂肪酸が減って栄養的に好ましくない．またトランス異性体の増加は硬化油の稠度（コンシステンシー）に影響する．

図2.34は，綿実油を選択的［Ⅰ］および非選択的［Ⅱ］条件で水素添加した際の，2種の硬化油の固体脂指数である．図のように，［Ⅰ］の硬化油の固体脂指数の温度に対する変化は［Ⅱ］より大きい．このように，トランス異性体の増加は一般的に固体脂指数の温度に対する変化を激しくする．したがって，［Ⅰ］は［Ⅱ］に比べて低温で硬く，温度が上昇すると軟化しやすい硬化油となる．この2つの硬化油をショートニングの配合油として考えた場合，ショートニングは温度が変わっても軟らかさがあまり変わらないことが望

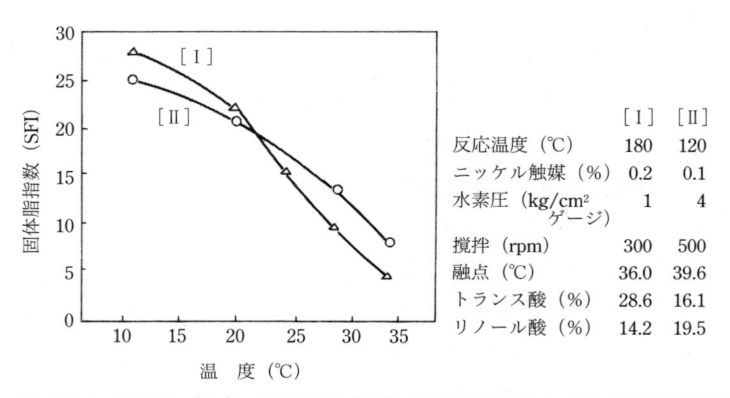

	［Ⅰ］	［Ⅱ］
反応温度（℃）	180	120
ニッケル触媒（%）	0.2	0.1
水素圧（kg/cm² ゲージ）	1	4
撹拌（rpm）	300	500
融点（℃）	36.0	39.6
トランス酸（%）	28.6	16.1
リノール酸（%）	14.2	19.5

図2.34 選択的［Ⅰ］，非選択的［Ⅱ］水素添加条件による綿実硬化油（ヨウ素価72.5）の固体脂指数

ましいため，［Ｉ］の硬化油よりも［Ⅱ］の方が適している．したがって，条件があまり選択的すぎると異性化が進みすぎ，用途によってはこのような好ましくない結果が起きる．しかし，同じヨウ素価においては［Ｉ］の方がリノール酸が少ないため，稠度よりも安定性が重要な用途には［Ｉ］の方が適している．

一方，あまり非選択的すぎると，リノレン酸，リノール酸，オレイン酸の水素添加がほぼ同時に進み，飽和酸が増加して固体脂量が増加し融点は上昇するが，不飽和酸が残る結果となる．したがって，融点は高いが酸化されやすい硬化油となる．

以上のように，水素添加の条件は，原料，硬化油の使用目的に応じて，その融点，固体脂指数，安定性，製品の応用特性などを考慮し，適度な選択性を示すように選ばなければならない．ただし，ヨウ素価の低い極度硬化油の場合には，選択性を考慮する必要はない．

不純物の除去：硬化油の製造にあたっては，原料油脂の選択と，硬化に先立つ精製が必要である．原料油脂には劣化の少ないものを選び，触媒毒となる不純物を除去することが重要である．原料油脂中の水分，空気などは水素添加に先立ち，減圧加熱して脱水，脱気を行う．また，精製工程中においても触媒毒となるセッケン類が二次的に混入することを避ける必要がある．

反応の進行管理：水素添加の進行程度の指標は，油脂のヨウ素価を用いる．同一原料を使用し水素添加の条件を定めれば，水素添加の進行状態の追跡にはヨウ素価測定が主要手段となる．ただし，その測定にはやや時間を要するため，効率的に行うには水素添加の工程中は屈折率の測定（ヨウ素価に比例して大となる）によって管理し，反応の終点の判定にヨウ素価を実測するとよい．なお，硬化油の異性体の種類，量について調べるには，別の分析法が必要である．また，硬化油の物理的性質を厳密に管理する際は，さらに融点あるいは凝固点，所定温度の固体脂含量（固体脂指数）を測定する必要がある．

触媒の除去：反応終了後は沪過して触媒を除き，必要に応じて後処理を行う．触媒の金属や生成した微量の金属セッケンが硬化油に混入すると，脱臭以後の工程中で油脂の劣化や着色を引き起こす．また，触媒金属の除去は食品衛生上からも必要である．特に，ギ酸ニッケルを湿式還元した触媒は粒子が細かく，沪別しにくい．これを除去するには活性白土± 0.1〜0.2％を使用し，約 80℃で後処理するとよい．また，ケイソウ土でもよく，この際，リン酸やクエン酸を併用すると効果的に除去できる．この操作を一般にポストブリーチと呼ぶ．乾式還元ニッケル触媒は沪過性が良く容易に除去できるが，銅触媒の場合には極めて微量の銅の混入によっても油脂の劣化が促進されるため，徹底的にこれを除去する必要がある．この場合，微量の触媒金属を除くためにリン酸，硫酸などの希薄溶液やクエン酸水溶液で硬化油を洗う方法がある．

i.　種々の水素添加

水素添加の条件や程度は，原料，およびつくられる硬化油の用途によって決定するが，ここでは種々の水素添加の実例をあげる．

液状食用硬化油：軽度水素添加による液状食用硬化油は，かつて米国において大豆油の風味の劣化を防止するために大量に製造され，実際に用いられていた．大豆油は通常，二重結合を 3 個もつリノレン酸を 7〜10％の範囲で含んでいるが，選択的条件によって，はじめヨウ素価 128〜134 のものを水素添加して 110〜115 とする．次に，生成した固形脂をウインタリングによって分別除去して，0℃において 5 時間 30 分〜10 時間も曇らないものをつくることができる．これはマヨネーズ，ドレッシング用のサラダ油として，性能的，安定的に綿実油に匹敵するといわれている．

食用硬化油：食用硬化油は各種の植物油脂，動物油脂の部分水素添加によってつくるが，通常，ヨウ素価は60～90の範囲の製品が多く，ショートニング，マーガリンの配合油や，高い安定性の望まれるフライ油に用いられる．食用硬化油をつくる目的で大豆油をヨウ素価92まで水素添加した実例を表2.7に示す．触媒は同一のものを使用し，ⅠよりⅡの方が選択的である．また，Ⅰに比べてⅡの方がトランス酸量は多く，必須脂肪酸の残量は少ない．リノレン酸の残量はいずれも1.0％で同じであるが，固体脂の温度に対する変化はⅡの方が著しく，選択的でありすぎてもよくない．したがって，この場合にはⅠの条件の方が好ましいことになる．

極度硬化油：各種の原料をヨウ素価2～3以下まで水素添加すると，通常，融点は60～70℃まで上昇する．繰り返し述べたように，このような極度硬化油の水素添加では選択性を考慮する必要

表2.7 ヨウ素価92まで水素添加した大豆油の組成と性状

組成		Ⅰ	Ⅱ
固体脂（％）	10℃	12.0	12.3
	21	5.1	3.8
	26.5	2.9	0.8
	34.5	0	0
必須脂肪酸（％）		19.0	11.7
トランス酸（％）		27.8	36.1
パルミチン酸（％）		11.7	11.8
ステアリン酸（％）		8.1	5.7
オレイン酸（％）		57.1	61.5
リノール酸（％）		22.1	20.1
リノレン酸（％）		1.0	1.0

条件Ⅰ：140℃，H_2 2.1 kg/cm^2
Ⅱ：164℃，H_2 0.7 kg/cm^2

はない.

2.3.2 エステル交換, エステル化

(1) エステル交換

油脂は3価のアルコールであるグリセリン1分子と脂肪酸3分子のエステルであるが, 適当な条件でアルコールか脂肪酸を作用させると, これらが置換して新しいエステルができる. このうち油脂とアルコールとの置換反応をアルコーリシス, 油脂と脂肪酸との置換反応をアシドリシスという.

アルコーリシス

$$
\begin{array}{llcll}
CH_2OC(O)R_1 & & & R_1COOCH_3 & CH_2OH \\
| & & & & | \\
CHOC(O)R_2 + & 3CH_3OH & \longrightarrow & R_2COOCH_3 \quad + & CHOH \\
| & & & & | \\
CH_3OC(O)R_3 & & & R_3COOCH_3 & CH_2OH
\end{array}
$$

油　脂　　メタノール　　脂肪酸メチルエステル　　グリセリン

アシドリシス

$$
\begin{array}{llcl}
CH_2OC(O)R_1 & & & CH_2OC(O)CH_2CH_2CH_3 \\
| & & & | \\
CHOC(O)R_2 + & CH_3CH_2CH_2COOH & \longrightarrow & CHOC(O)R_2 \\
| & & & | \\
CH_3OC(O)R_3 & & & CH_2OC(O)R_3
\end{array}
$$

油　脂　　酪　酸　　新グリセライド

(R_2, R_3が置換されれば, これに対応した脂肪酸が遊離する)

$+R_1COOH$
脂肪酸

また, 油脂の分子内または分子間でもアシル基の交換が起こり, 脂肪酸の組み合わせの異なった油脂を生ずる. これをエステル交換, または特にトランスエステル化ともいい, 以上を総称してエステル交換という. ただし, アシドリシスの実用性は少ないため, ここではアルコーリシスと油脂のエステル交換についてのみ述べる.

a. アルコーリシス

アルコーリシスは，工業用脂肪酸の中間体である脂肪酸のメチルエステルや，食用乳化剤として広く用いられるモノグリセライドの製造に有用な反応である．アルコールとしては，1価のメタノール，エタノール，2価以上ではプロピレングリコール（2価），グリセリン（3価），ペンタエリスリトール（4価），キシリトール（5価），ソルビトール（6価），さらにショ糖（8価），ポリグリセリンなどがあるが，これらの反応は分子量が増えるに従って困難になる．また，これらの反応のうち，特にメタノールの場合をメタノリシス，エタノールの場合をエタノリシスと呼ぶ．これらの反応に使用する触媒は，酸よりもカセイソーダやナトリウムメトキシドのようなアルカリ触媒が適している．

油脂のメタノリシス：遊離脂肪酸の少ない脱水した油脂と無水のメタノールを触媒として，0.1〜0.5%のカセイソーダを用いて温度約80℃で反応させると，速やかに98%までエステル交換する．この際，脂肪酸メチルエステルとグリセリンが生成し，遊離したグリセリンは回収することができる．脂肪酸エステルは，他の多価アルコールと再びエステル交換することによって脂肪酸エステルを製造するための中間原料となる．

モノグリセライド：油脂とグリセリンとのエステル交換は，グリセロリシスとも呼ばれるもっとも重要なモノグリセライド製造法である．油脂とその25〜40%重量のグリセリンを混合し，0.05〜0.2%のアルカリ触媒（通常はカセイソーダ）を用いて，反応温度200〜250℃で1〜4時間撹拌して反応させる．この場合の反応生成物は，モノグリセライド，ジグリセライドおよびトリグリセライドである．モノグリセライドの生成量は，使用するグリセリンの量が十分ならば反応温度に依存する．これは，油脂に対するグリセリンの溶解度に依存することを意味する．反応温度を225℃とすると，油脂重量の約30％のグリセリンが溶解し，さらに油脂をトリステアリンとした場合，無作為分布に従うと，生成物としてモノステアリンが重量比で約52％，ジステアリンが約30％，トリステアリンが約4.5％得られる．なお，未反応の遊離グリセリンは約13％である．

アマニ油の改質：ペンタエリスリトールやソルビトール，アマニ油のような乾性油をエステル交換して得られた製品は，もとのアマニ油よりも重合度，速乾性，皮膜の硬さが改良され，塗料として優れたものとなる．

ショ糖脂肪酸エステル：ショ糖脂肪酸エステルは，8個のOH基をもつ多価アルコールの一種であるショ糖と脂肪酸メチルエステルとのエステル交換によって生成する．しかし，両者は互いに溶けにくく，しかもショ糖エステルが熱に対して不安定であることから，反応を速めるために温度を上げることができない．したがって，反応を速やかに進行させるために，両者が溶解可能な溶剤を使用する方法がある．

b.　油脂のエステル交換

油脂のエステル交換は，水素添加とともに食用油脂の物理的性質の改良に広く用いられている．例えば，豚脂の結晶性の改良や各種の油脂の組み合わせによる新しい物理的性質を有する油脂の製造など，分別技術と組み合わせて油脂の高度利用への方法が開発されている．

ランダム・エステル交換：油脂のエステル交換について，カカオ脂を例にとって説明する．カカオ脂の主成分は次のようになっている．

カカオ脂	脂肪酸	グリセリンの OH の位置
┌S	S：ステアリン酸	（1位）
├O	O：オレイン酸	（2位）
└P	P：パルミチン酸	（3位）

これは，グリセリンに3種の脂肪酸がエステル結合し，しかも *sn*-2(β)位に不飽和のオレイン酸が位置し，*sn*-1, 3(α)位にそれぞれステアリン酸とパルミチン酸が位置していることを示す．これを主成分とするカカオ脂の物理的性質は，常温で硬いが口中で体温によって速やかに溶けるという，チョコレートで見られるような特徴を示す．このカカオ脂を，触媒を用いて融解状態でエステル交換すると，グリセリンにおける脂肪酸のエステル位置が変わり，新しい17種のS，O，Pの組み合わせを生じる．その一方で，はじめの物

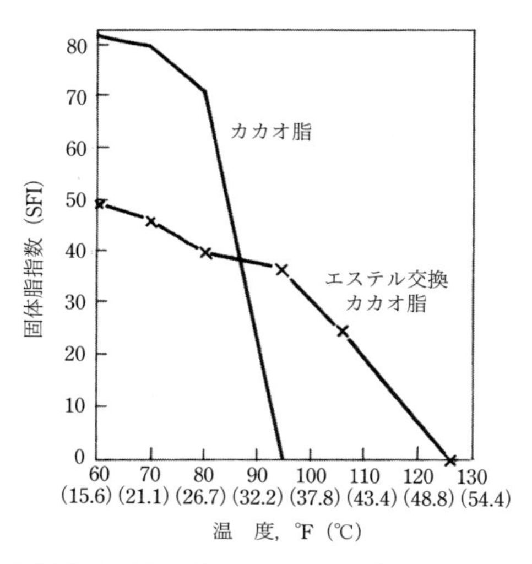

図 2.35　カカオ脂およびランダム・エステル交換したカカオ脂の固体脂指数
（L. H. Going, *J. Am. Oil Chem. Soc.*, 44, 414A, 1967）

理的性質は全く失われる．図2.35に見られるように，カカオ脂の固体脂指数はエステル交換によって大きく変わり，通常35～36℃の融点であるものが約17～18℃上昇し，固体脂指数が低温では天然のものより大幅に減少し，逆に高温では増加している．このように，エステル交換によって油脂の分子内および分子間においてアシル基が入れ替わるが，この分配は反応が均一相で行われる場合，アシル基の種類と量によって確率的に起こり，無作為分布の状態で平衡に達する．これをランダム・エステル交換という（図2.36の，右矢印の変化）．

ディレクテッド・エステル交換：図2.36において，はじめの混合物の融点は66℃であるが，再配列後は49℃になっている．この，融点49℃の混合油脂をエステル交換しながら冷却し，融点の高いトリステアリンを結晶化し反応の系外に取り出すと，残りの均一な液相部では無作為分布がくずれる．そのため，さらにトリステアリ

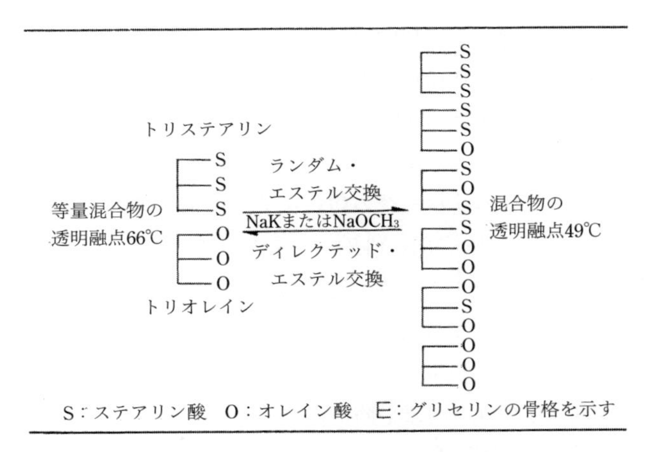

図2.36 ランダムおよびディレクテッド・エステル交換におけるグリセライド分布

ンを生成するように左矢印方向への反応が進み，平衡を保とうとする．この操作を繰り返すと反応は次第に左方向に進み，ついにはトリステアリンとトリオレインだけの混合系となる．このような反応（図 2.36 の左方向の反応）をディレクテッド・エステル交換という．

ディレクテッド・エステル交換の例を豚脂の場合について記す．最初に豚脂を極力脱水し，これに 0.2％のナトリウム / カリウム合金を加え，撹拌分散させる．これは豚脂の融点以上の 37〜38℃で行う．次に，第 1 段階では 21℃まで冷やし結晶化を促す．その結果，結晶熱で 28℃まで温度上昇が起こる．再び 21℃まで冷却したのち結晶化を進めると，再び温度は上がるが，目標とする 3 飽和トリグリセライド析出量に達するまで撹拌を保持する．反応後の処理はランダム・エステル交換の場合と同様である．

触　媒：エステル交換の触媒にはアルカリ系のものがよく使用される．120〜260℃の高温域で使われるものとして，カセイソーダ 0.5〜1.0％（対油脂），カセイソーダ 0.02〜0.8％とグリセリンの併用，低温〜高温域の 7〜185℃の広範囲で使われるものとして，ナトリウムメトキシド 0.15〜1.0%，ナトリウム 0.2〜0.5%，ナトリウム / カリウム合金 0.2〜0.5％などがある．低温で活性のある触媒は，ディレクテッド・エステル交換にも用いられる．このほか，エステル交換の触媒としてリパーゼの利用が実用化されているが，これについてはハードバターの項（3.7）において述べる．

反応装置：バッチ式の場合，反応器は撹拌機を備え，必要があれば油脂の脱水のために真空にできる槽が適している．脱水後の油脂に触媒を加えて反応を進めると，カセイソーダ 0.175％を使用した場合，160℃で 20 分以内に平衡に達する．ランダム・エステル交換の際には反応終了後温度を下げ，水を加えて触媒を不活性化し，さらに水洗除去すればよい．反応の連続化も可能である．

油脂の改質：エステル交換による油脂の改質の例は多いが，先に述べた豚脂についての結果を図 2.37 に示す．図のように，エステル交換によって固体脂含量の変化が見られる．特にディレクテッド・エステル交換したものは，固体脂指数が原料豚脂よりも低温で減少し，高温で増加して，可塑性を示す温度範囲が広がり，ショートニングとして望ましい物理性を示している．ここで重要な点は，ランダム，ディレクテッドいずれの場合においても，豚脂の欠点である結晶粗大化の原因と考えられる 2 飽和 1 不飽和トリグリセライドと，1 飽和 2 不飽和トリグリセライドの脂肪酸の分布と比率が大きく変わり，テクスチャーがなめらかなものに改良されていることである．結果，これを原料とするショートニングのクリーミング性が向上し，これを用いたバターケーキのボリュームが大きくなる．したがって，エステル交換によって豚脂の利用度は飛躍的に増大したといえる．

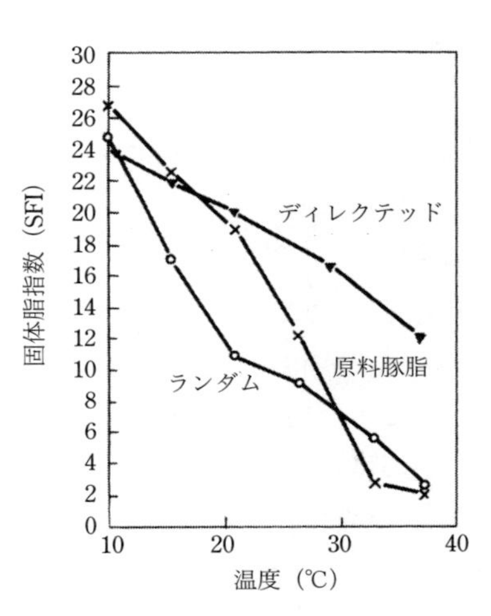

図 2.37 豚脂のエステル交換による固体脂指数の変化

その他エステル交換の応用としては，ヤシ油と他の油脂を配合してエステル交換し，水素添加して，よりよい物理性のコーティング油脂をつくる例がある．

(2) エステル化

a. エステル化反応

エステル化とは，次のようにアルコール（例えばグリセリン）と脂肪酸が反応して，エステルと水を生成する反応をいう．

$$
\begin{matrix} CH_2OH \\ | \\ CHOH \\ | \\ CH_2OH \end{matrix} + RCOOH \xrightarrow[\text{触媒}]{} \begin{matrix} CH_2OC(O)R \\ | \\ CHOH \\ | \\ CH_2OH \end{matrix} + H_2O
$$

グリセリン　　脂肪酸　　モノグリセライド　　水

モノグリセライドは，既に述べたように油脂とグリセリンのエステル交換によって生成されるが，油脂を脂肪酸とグリセリンに一度分解し，その後，再エステル化することによってもつくることができる．モノグリセライドの実際の製造はほとんどエステル交換によって行われているが，グリセリン以外の多価アルコールと脂肪酸のエステル化は広く行われ，後に述べるように，その生成物であるエステルの用途は多岐にわたっている．

b. エステル化の実際

通常，エステル化反応には触媒を用いる．例えば，グリセリンと落花生油脂肪酸とのエステル化には塩化亜鉛触媒が適しており，触媒0.18%を使用し175℃の反応温度において，6時間で遊離脂肪酸が3%に低下する．この場合，無触媒でもエステル化は進むが，同じ結果を得るためには250℃以上の反応温度が必要である．

ペンタエリスリトール，ソルビトールなどを含めた多価アルコールのエステル化では，触媒として，硫酸，リン酸，各種の金属，特に鉛，亜鉛，アルカリ系のカルシウム，バリウム，ナトリウムなどの酢酸塩，炭酸塩，塩化物，酸化物，水酸化物，ナフテン酸塩などの検討例がある．*p*-トルエンスルホン酸などもよい触媒となる．反応温度は135～250℃の範囲であり，脱水を順調に進めるために水と共沸する溶剤を用いることがある．反応時間は短くて2時間，場合によっては10時間以上必要なこともある．反応槽は撹拌機を備え，減圧にして脱水ができる密閉式のものを用いる．減圧系にはコンデンサーを設け，留出物から水を除く．その一方で，水を除いた留出物は反応系へ戻す．さらに反応を窒素雰囲気中で行うと，反応生成物の劣化を抑えることもできる．反応槽の材質は熱脂肪酸の腐食に耐えるように，モリブデン入りのステンレススチールがよい．反応終了後は，必要があれば触媒を中和して不活性化し，沪別する．

このエステル化反応によって，各種非イオン系の界面活性剤，特に食用乳化剤が製造できる．また，後に取り上げる高品質の塗料なども製造できる．

2.3.3　加水分解

(1)　加水分解反応

グリセリンの脂肪酸エステルである油脂1分子は，3分子の水によって次のように加水分解し，3分子の脂肪酸と1分子のグリセリンを生ずる．この逆反応が，先に述べたエステル化である．

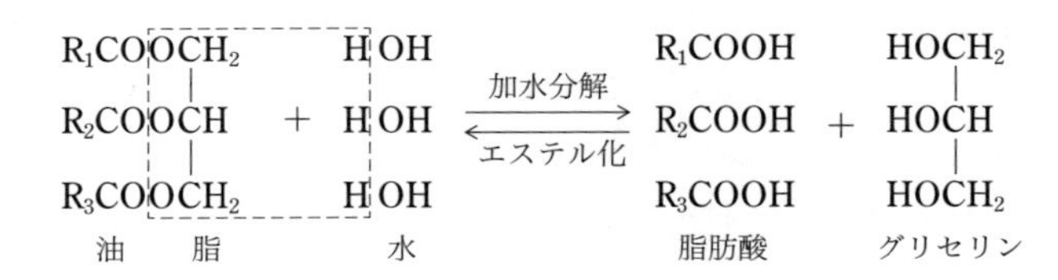

加水分解は，水の存在下で高温，高圧をかけるか，触媒として酸，アルカリ，分解剤などを使用することによって促進される．しかし，実際の反応は上式のように，同時にエステル部が加水分解を受けるのではなく，トリグリセライドに水が1分子ずつ逐次加わり，ジグリセライド，モノグリセライド，脂肪酸と段階的に分解が進むものと考えられている．加水分解がある程度進み，反応系が平衡状態に近づくに従って，加水分解の速度が次第に遅くなり，遂には停止する．したがって，加水分解をより促進させるためには，さらに水を加え，反応系からグリセリンを抜き取ることが必要である．

油脂にカセイソーダの水溶液を加熱しながら加えると，油脂は加水分解してグリセリンが遊離し，脂肪酸はカセイソーダと化合してナトリウム塩，すなわちセッケンとなる．この反応をけん化という．なお，この廃液よりグリセリンが回収できる．

このように油脂の加水分解は，脂肪酸，グリセリン，セッケンなどの製造のために，油脂工業では極めて重要な反応である．

(2) 工業的な加水分解法

油脂の加水分解には古くから種々の方法がある．しかし，工業的方法は時代とともに量産化，連続化の方向をとり，その主流は高温，高圧，無触媒の連続分解法となっている．

a. 高圧連続法

高圧連続法には様式がいくつかあるが，油脂と水の流れによって，並流式と向流式に分類できる．ここではコルゲート・エメリー法の工程を示す（図2.38）．これは向流式に属し，主要部分は約23 mの分解塔で，ステンレス内張りの鉄製中空円筒である．60 kg/cm^{2}の高圧水蒸気をこれに吹き込み，塔の内圧を50 kg/cm^{2}に保持し，油脂は下部より，水は上部より塔内に圧入する．250～260℃で

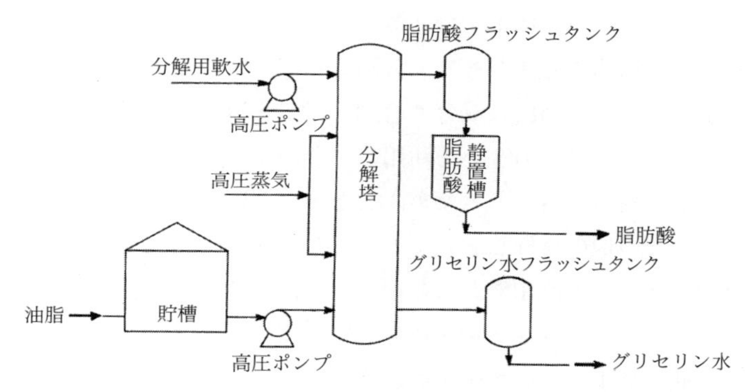

図 2.38　コルゲート・エメリー法による脂肪酸連続分解の工程

約3時間向流的に接触，加水分解する．反応終了後，脂肪酸は上部より，グリセリン水は下部より，新たに圧入される油脂および水と熱交換した後，フラッシュタンクに圧出される．通常，分解率は無触媒で98～99％にまで達する．これらの操作はすべて自動制御装置によって管理されている．建設コストはかかるが，多量生産に向く経済的な方法である．

b.　その他の分解法

以上の加水分解法のほかに，現在ではほとんど用いられていないが，アルカリによる油脂のけん化分解法，硫酸法などがある．

2.3.4　分　　　別

天然の油脂および油脂を加水分解して得られる脂肪酸は，種々の成分の混合物であり，その混合物の成分を何らかの方法で分別し，その性質に最も適した用途に用いるとともに，不要な微量物質を除去する各種の方法が古くから行われてきた．

2種以上の物質の混合物から，各成分の純度を上げて分離することを分別というが，油脂および脂肪酸の場合，その方法には大別して分別結晶，液－液抽出，分別蒸留があり，そのほかに特殊な化学的あるいは物理的方法がある．分別結晶は主として成分の融点の違いにより，液－液抽出は成分の溶剤に対する溶解度の差により，分別蒸留は成分の沸点の違いを利用して分別する方法である．蒸留には脂肪酸の精製蒸留もあるため，まとめて蒸留として取り扱うことにする．その他の特殊法としては，混合脂肪酸の場合に飽和酸を尿素付加物として不飽和酸から分別する方法，あるいは各種のクロマトグラフィーのような分析手段を分別に用いる方法もあるが，ここでは，油脂加工において工業的に実施されている主な分別法について述べることにする．

(1) 分別結晶

脂肪酸の融点は，その炭素鎖の長さと二重結合の数によって異なる．炭素数が偶数のもの（天然の脂肪酸は大部分が偶数）について見ると，その融点は炭素数が多いほど高く，また，炭素数が等しい場合は二重結合の数が増加するほど低い．油脂の融点は，構成する脂肪酸の融点におおよそ支配されるが，その構成割合と結合位置について複雑な違いを見せる．分別結晶はこうした成分の融点の違いを利用して，溶けた混合物を冷却し，融点の高い成分を結晶化して析出させ，液体部から沪別していく方法で，種々のグリセライドの混合物である油脂や混合脂肪酸もこの方法によって分別ができる．この分別結晶には，溶剤を使用しない方法（無溶剤法）と溶剤を使用する方法（溶剤法）があり，そのほかに特殊な方法として乳化分別法がある．無溶剤の方法は，食用油脂の分野ではウインタリングと称して，牛脂からマーガリン用の軟質部分を分別結晶によって分別したり，綿実油から固体部を除いてサラダ油を製造するために古くから行われている．一方，溶剤法はカカオ脂に類似した物理性をもつハードバターの製造法に応用されている．

そのほか，油脂が飽和，不飽和脂肪酸の混合エステルである場合に，あらかじめディレクテッド・エステル交換を行い，その組成を飽和グリセライドと不飽和グリセライドの両極にできるだけ改質しておくと，分別結晶によって飽和，不飽和の純度の高いものがそれぞれ得られる．

分別結晶の原理：溶剤を用いる場合の分別結晶の基本的な操作は図 2.39 のようになる．この方法は従来から油脂の成分分析に用いられた方法である．

成分 A，B を含む混合原料を考え，まず第 1 段階として原料を溶解して均一にし，t°_1 まで冷やすと結晶が析出し，これを分離すると結晶部 P_1 と液体部 F_1 になる．P_1 はもとの原料よりも A 成分が多くなっているが，さらに純度を上げるために第 2 段階として P_1 を再融解し再び t°_1 まで冷やし，再析出した結晶部 P_2 を液体部 F_2

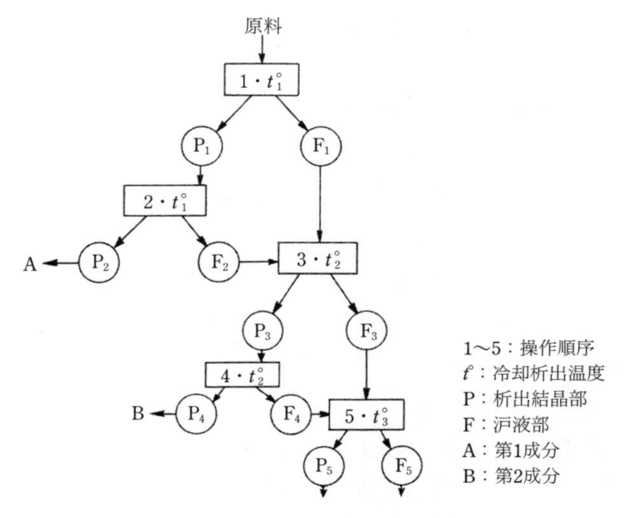

図 2.39 溶剤による分別結晶の基本的な系統図

から分離する．この操作をA成分について繰り返すことによって，Aの純度はさらに上がる．ただし，他の成分（この場合はB成分）との共融物ができること，および相互の溶解が不可避であることが純度の限界となる．これは，溶剤の使用有無にかかわらず同じである．次に第3段階として，F_2をF_1と合わせてt°_2まで冷やす．ここで析出する結晶部P_3は，B成分に富んでいる．以下，同様の操作を繰り返すことによって液体部の純度も上昇する．

a. 無溶剤法

これはウインタリング，または脱ロウ法，あるいはドライメソッドなどとも呼ばれており，食用油では特に固体成分の多い綿実油をはじめ，コメ油からサラダ油をつくるために行われている．最近ではパーム油，バターに応用することも多い．

綿実油：綿実油の場合，21～27℃で冷却器に入れ，6～12時間かけて13℃まで冷やす．通常は，この温度で最初の結晶化が始まる．さらに冷却速度を遅くして，12～18時間かけて7℃まで冷やす．この間，一時的に結晶熱によって1～2℃油温が上がるが，冷却を続け6℃で冷却を止める．脱ロウの要求度にもよるが，12時間保持すると沪過後の液状油は0℃で20時間曇らないものになる（JASの冷却試験では，サラダ油は0℃で5時間30分清澄であること）．沪過はフィルタープレスで行うが，結晶がくずれないように速度，圧力などを調節する．液状油の収量は75～85％で，固体部は綿実ステアリンと呼ばれ，ショートニングの配合油などに用いられる．この方法は全工程に3～6日かかり効率が悪く，後述する溶剤法の方がより効率的である．

半固形脂：パーム油，牛脂，豚脂，乳脂のような半固形脂も無溶剤分別によって固形脂20～30％，軟質脂70～80％に分別し，特に軟質脂をマーガリン，ショートニング，クリームの配合用や低融点のフライ油に利用する．固形脂は，食用としては特に硬さの必要なパイやデニッシュ・ペーストリー用油脂の配合に用いる．そのほか魚油の固形脂を分別し，塗料用の液状油を得る方法がある．

脂肪酸：脂肪酸については，すでに古い方法であるが，牛脂脂肪酸を溶解して浅いバットに流し，冷却室内で 12〜24 時間かけて 5℃まで徐冷して固化したものを沪布に包み，水圧機で加圧して液状脂肪酸を分ける．この液状脂肪酸を工業用オレイン酸，固体酸を工業用ステアリン酸としている．一度の操作では分別が不十分な場合には，固体酸を再溶解し，やや条件を変えて結晶化，沪過を繰り返すと，飽和酸の純度が上がりトリプル・プレスト・ステアリンと呼ぶグレードになる．

b. 溶剤法

溶剤を用いた場合も分別結晶の現象は変わらないが，冷却速度を速めても沪過しやすい結晶を得やすく，液体と結晶の分離がよい．また，混合物の粘度が低いため連続化が容易となる．初期の建設コストが高く，溶剤使用の安全管理が不可欠だが，すでに油脂工業の主要プロセスの 1 つになっている．

溶　剤：一般に，溶剤に対する脂肪酸の溶解度は温度が低くなるほど低下し，炭素数が増えると低下し，二重結合が増えると上昇する．トリグリセライドの溶解度も，構成脂肪酸の性質にほぼ支配されると考えてよい．

使用する溶剤の種類は，特許に記載されているものだけでもかなり多い．食用油脂の場合の溶剤は，主としてヘキサン，アセトン，メチルエチルケトンなどが多く使用されているが，わが国では食品添加物として油脂の抽出・分別用にヘキサン，ガラナ飲料製造用にアセトンが許可されている．このほかにメタノール，エタノール，イソプロピルアルコール，メチルイソブチルケトン，イソプロピルアセテート，エチルアセテートや混合溶剤がある．

パーム油：連続化された溶剤法の1つを図2.40に示した．これはベルナルディニ社のプラントであるが，これを用いてパーム油を等量のヘキサンで分別結晶によって3区分する操作を一例として述べる．パーム原油を45℃に加温，ヘキサンに溶かす．冷却槽に移し，第1段階は30～33℃に冷却，結晶槽に移し，ここで20℃に冷却，第2結晶槽でさらに10℃にする．これを連続ドラム沪過機でこして，固体部（ステアリック1）と液体部に分ける．固体部をヘキサン蒸留器に送り，加温留去した溶剤はリサイクルして使う．液体部はミセラ（油脂と溶剤）槽から冷却槽を経て結晶槽に移し，ここで7～10℃まで冷やす．さらに次の結晶槽で4℃まで，最終的には2℃まで冷却する．これを再び連続沪過機で沪過して，第1段沪

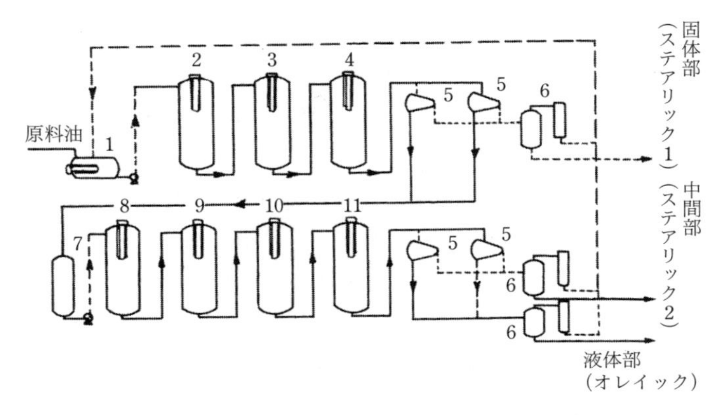

1　混合機・加熱器	6　ヘキサン蒸留器
2　冷却槽	7　ミセラ槽
3～4　結晶槽	8　冷却槽
5　連続沪過機	9～11　結晶槽

図2.40　ベルナルディニ（Bernardini）社の分別装置の工程
（K. P. Kreulen, *J. Am. Oil Chem. Soc.*, 53, 393, 1976）

別と同じ操作を繰り返し，中間部（ステアリック 2）と液体部（オレイック）を得る．これらの冷却温度は，分別各区分の目標とする性状と量によって変化する．

ハードバター：溶剤法によるサラダ油製造の際の副産物である半固形脂や，上述したパーム油の分別における第 2 区分は，トリグリセライド組成がグリセリンの 2 位置にオレイン酸，1，3 の両位置にパルミチン酸が結合して，カカオ脂に類似した融解性をもつ成分が多い．このため，これをハードバター（カカオ代用脂）として利用することができる．このように高い価値をもつ良質のハードバターの製造には，溶剤法による分別結晶がもっとも適している．原料としては，シア脂，ボルネオタロー，牛脂，硬化油，混合油，またラウリン系油脂のヤシ油，パーム核油およびこれらの硬化油，混合油のエステル交換－硬化油，などを用いた多くの特許があり，その一部は工業的に利用されている．

脂肪酸：脂肪酸の溶剤分別結晶法としては，エマゾール（Emersol）法が代表的である．これも連続法であり，結晶析出のための管を横に数段ならべた多管式で，各管にはかき取り羽根の付いた撹拌機がある．90％メタノールに動物油脂の脂肪酸 25～30％を溶かし，これを上記の管に連続的に流して－15℃に冷却する．結晶化が終わりスラリー状になった混合液は，回転真空沪過機に送られてケーキと沪液に分けられる．ケーキは 90％メタノールで十分洗浄する．固体部，液体部ともメタノールを留去して，ヨウ素価 5.0～6.0 のステアリン酸，タイター2～5℃のオレイン酸を得る．無溶剤の分別，圧搾法では，牛脂脂肪酸の場合，1 回の操作だけでステアリン酸のヨウ素価 10～20，オレイン酸のタイター約 10℃となる．

溶剤としてメタノールのほかにアセトンを使う方法もあり，この方が分別性が良いといわれている．ステアリン酸とオレイン酸は沸点が比較的近いため，分留しにくく，工業的には分別結晶法がとられている．

c. 乳化分別法

この方法は，油脂，脂肪酸，鉱油の固体部と液体部の分別に用いられており，冷却して固体部の析出した油脂，または脂肪酸を界面活性剤水溶液によって乳化し遠心分離すると，液体部が選択的に分離され，固体部は乳化液として残る．固体部は乳化液を加温，電解質などによって乳化破壊して分離する．実際の装置として，アルファ・ラバル社のリポフラックシステムがある．これは，油脂の結晶化槽と乳化機，および遠心分離機の組み合わせによる半連続式の装置である．

パーム油（ヨウ素価 50.4）50 kg を 6 時間以内に 50℃から 20℃に冷却し，これを大豆油脂肪酸ナトリウム 1%，硫酸ナトリウム 3% を含む 20℃の水溶液 50 L に分散乳化させ，1 時間撹拌する．この混合物を遠心分離すると，低融点部（ヨウ素価 56.8）40 kg（80%）がまず得られ，さらに残りの乳化液を加熱して油脂を融解し，水相から遠心分離すると高融点部（ヨウ素価 25.0）10 kg（20%）が得られる．界面活性剤としては，上記のほかに，アルキルベンゼンスルホン酸塩，アルキルスルホン酸塩，硫酸化脂肪族モノグリセライド，セッケン，モノエタノールアミンセッケン，ジエタノールアミンセッケン，トリエタノールアミンセッケンなどがあげられる．この方法は，連続溶剤法より設備コストが安く，無溶剤のウインタリング法より操作は効率的であり，分別性も悪くない．

脂肪酸についても，牛脂脂肪酸からオレイン酸を分別するのに乳化分別法が用いられる．

(2) 蒸 留

蒸留には，精製のための精製蒸留と各成分の分別のための分別蒸留がある．分別蒸留は分留ともいい，炭素数の異なる各種脂肪酸の蒸気圧の差を利用して蒸留により分別する方法である．一方，油脂やこれに近い分子量の大きな物質は蒸気圧が低いため，通常の方法では蒸留できず分子蒸留を用いる．分別蒸留と精製蒸留は古くから行われてきた重要な工程であるが，分子蒸留はこれらに比べて新しい方法で，ビタミンA，ビタミンE，モノグリセライドなどの分別蒸留法として不可欠となっている．

a. 脂肪酸の蒸留

加水分解したままの脂肪酸は色やにおいが悪く，不けん化物，未分解の中性油，不純物などを含有している．そこで，活性白土で精製するか蒸留によってこれらを取り除き品質を向上させるが，単に精製のために行う蒸留を，精製あるいは脱色蒸留という．これに対し分別蒸留は，加水分解した混合脂肪酸から純度の高い単体脂肪酸を得る方法である．

脂肪酸の蒸気圧：脂肪酸とそのモノエステルは，およそ1〜5 mmHgの真空で200〜235℃の範囲で蒸留できる．脂肪酸とそのエステルの蒸気圧は，分子量すなわち炭素数が増加するにつれて低くなるが，天然の脂肪酸では炭素数で2個の違いをもつ脂肪酸は蒸気圧の差が比較的大きく，分別蒸留しやすい．ただし，この蒸気圧の差は炭素数が多くなると次第に縮まってくる．また，同じ炭素数のステアリン酸とオレイン酸の蒸気圧は極めてその差が小さいため，分別蒸留が困難である．この場合は分別結晶法の方が適している．

蒸留装置：脂肪酸の蒸留装置は，蒸発，凝縮，冷却部を備え，分別蒸留にはさらに精留装置が必要である．そして，これらの装置に真空装置が連結される．そのほか，飛沫が蒸留脂肪酸や真空系に混

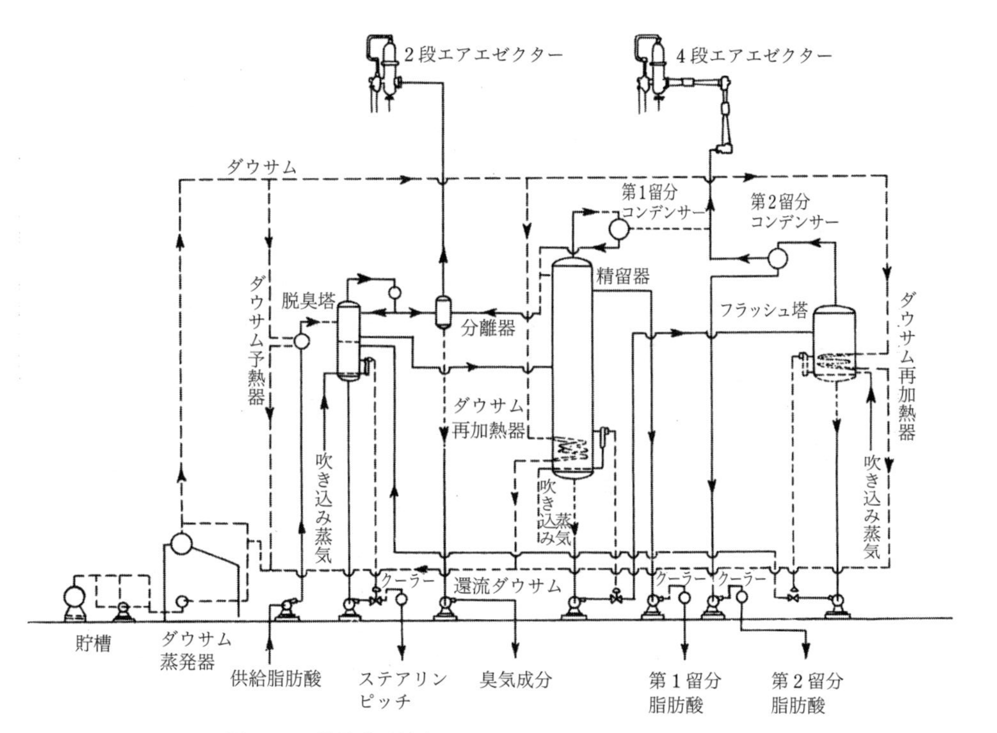

図 2.41　脂肪酸連続分留の工程（The Foster Wheeler Corp.）

入することを防止するために，飛沫除去装置が不可欠である．蒸発の加熱源には熱媒体をはじめ，電熱，水蒸気，熱水などがあり，装置の材質としては，熱脂肪酸に耐食性のものとしてニッケルクロム鋼系が使われる．

装置の形式にはバッチ式，半連続式，連続式があるが，ここでは連続式の一例を図 2.41 に示し，パルミチン酸とステアリン酸の混合脂肪酸についてその工程を説明する．一般に分留塔は 3 塔からなり，第 1 塔では脂肪酸のにおいや色素成分を留去する．この系統の真空は 2 段エゼクターシステムによって，これらの留去成分の蒸気圧に合わせて中程度に保たれている．第 2 塔はこの装置の中心で，分別蒸留を行う精留塔である．ここでは，低沸点のパルミチン酸が分留される．第 3 塔はフラッシュ塔で，第 2 塔の塔底から抜き出した高沸点のステアリン酸部分をここに注入して蒸留する．第 2 塔と第 3 塔は 4 段のエゼクターシステムで系全体が 2 mmHg の真空に保たれている．第 3 塔の塔底に残った蒸留残油は，一度第 1 塔の下部の吹込塔に戻り，さらに蒸留できる部分を蒸気吹き込みで追い出したのち，抜き出してステアリンピッチとする．系全体はダウサム蒸気で加熱され，第 2 塔，第 3 塔ではダウサムが再加熱される．各塔とも下部から水蒸気が吹き込まれ，上部には留分に応じた凝縮のためのコンデンサーを備えている．

蒸留操作には蒸留速度と還流比が重要な要素で，脂肪酸の種類，分留の要求度によって条件が選ばれる．

b. 分子蒸留

油脂類の分子蒸留は 10^{-4}～10^{-1} mmHg の範囲で行う真空蒸留であるが，蒸発面と凝縮面の距離が蒸留物質分子の平均自由行程内にあることが最大の特徴である．このような条件のもとでは，蒸発した分子が他の分子に衝突せずに冷却面まで届いて凝縮することが

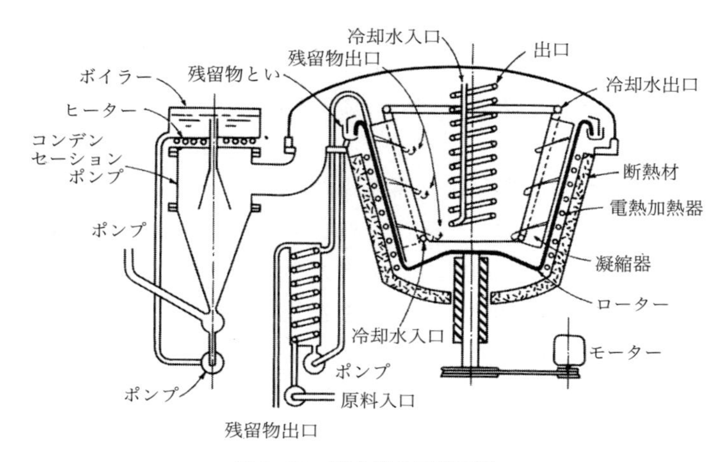

図 2.42　遠心型分子蒸留機

できる．したがって低温で蒸留できるため，熱安定性のよくない物質や高分子物質の蒸留が可能となる．油脂関連製品では，ビタミンA，ビタミンE，ステロール類，モノグリセライドの凝縮，加熱重合油からのモノマーの分離などに用いられる．

分子蒸留の方式は，遠心型と流下フィルム型の2つが代表的であるが，遠心型の装置を図2.42に示す．この装置では，原料入口より熱交換器を通って加熱，脱ガスされた原料が，400 rpmの速度で回転しているローターの底部から注入される．このローターは外部から電熱で加熱してある．原料は遠心力によりローター内壁を約0.05 mmの薄膜となって上昇し，この間に加熱され，蒸発したものは凝縮器の冷却面で液化し，3カ所の“とい”で補集されて外部へ抜き出される．一方，未蒸発の部分はローターの面を上昇し，その上の縁より溢流（いつりゅう）して“とい”を流れ，熱交換したのち取り出される．

参考文献

・安田耕作，福永良一郎，松井宣也，渡辺正男 著，新版 油脂製品の知識，幸書房（1993）
・今義潤，オレオサイエンス **6**, 139–144 (2006)
・H. S. Schmidt, *J. Am. Oil Chem. Soc.* **47**, 134–136 (1970)
・K. D. Mukherjee, I. Kiewitt, and M. Kiewitt, *J. Am. Oil Chem. Soc.* **52**, 282–288 (1975)
・伊東耕二，油脂 **41**, 66–72 (1988)
・J. J. A. Blekkningh, *Discus. Faraday Soc.* **8**, 191–211 (1950)
・R. R. Allen, *J. Am. Oil Chem. Soc.* **39**, 457–459 (1962)
・津田滋 著，モノグリセリド，p.127, 表 6.3, 槇書店（1958）
・小森三郎 著，あたらしい油脂化学技術，p.99, 朝倉書店（1965）
・R. O. Feuge, E. A. Kraemer, and A. E. Bailey, *Oil Soap* **22**, 202–207 (1945)
・R. L. Denmerle, *Ind. Eng. Chem.* **39**, 126–131 (1947)
・H. P. Kreulen, *J. Am. Oil Chem. Soc.* **53**, 393–396 (1976)
・T. W. Pratt, *J. Am. Oil Chem. Soc.* **30**, 497–505 (1953)
・U.S.P. 2, 200, 390–1 (1940)
・U.S.P. 2, 423, 102 (1947)

3. 油 脂 製 品

3.1 食 用 油

食用油脂は液状油から固形脂まで含めると種類が多いが，通常，食用油といえば植物性液状油のことを意味し，精製油，サラダ油，そして半精製油に分けられる．

3.1.1 精 製 油

油糧原料を圧搾や抽出した粗油を精製（脱酸・脱色・脱臭）したもので，商業的には「天ぷら油」として販売されているものがある．

精製油は代表的な揚げ油でいろいろな性質が要求されるが，特に必要な性質として次のようなものがある．

i) 安定性が高く，色やにおいが良いこと．
すなわち揚げ物の風味が良く，安定でその色は黄金色であることが望まれる．

ii) 発煙が少なく，こし（熱安定性）が強いこと．
すなわち油のこしが弱いと揚げ物をしている間に発煙し，油がベトついてきて，カニ泡が発生する．この場合，揚げ物はカラッと揚がらず着色し，揚げ歩留まりが悪くなる．特に業務用の揚げ油の場合，栄養的価値や経済性の面から，こしが強いことが望まれる．

天ぷらの専門店ではそれぞれ店の特徴を出すために揚げ油にゴマ油などを混合して使用し，香味を競っている．天ぷら油にゴマ油を少量入れることは，ゴマ油中のセサモールが天然の酸化防止剤の役目を果たして油を長もちさせるため合理的と考えられる．

国内に流通している精製油はナタネ油，大豆油が多いが，近年は加工用の揚げ油の原料としてパーム油も用いられている．業務用の揚げ油を別名“白絞油（しらしめゆ）”と呼ぶことがあるが，これは，古くから土直し法といわれ行われていた白土精製において，ナタネ油に白土を加えて加熱脱色することを「白絞め」といい，未精製のナタネ油が赤っぽい色をしていることに対し白絞油と呼んだことからきている．今日の白絞油の製法はこれとは全く異なっているが，精製油のことを白絞油と呼んでいる．

3.1.2 サラダ油

精製油のうち，冷却試験規格を満たす植物油をサラダ油という．冷却試験の規格はJASで規定されており，現在，食用で流通しているほとんどの油がサラダ油規格を満たしている．サラダ油はそのままマヨネーズやドレッシングに使われ，生で食べられる食用油として，特に生の状態の風味が良いことが要求される．また，サラダ油はいため物，天ぷらなどにも広く用いられ，こしが強いことも求められている．サラダ油に必要な条件として次のものがある．

i）淡色で風味が良く，コクがあること．

ii）保存中の安定性が高く，風味が変わらないこと．

iii）耐寒性が良いこと．

サラダ油は風味や安定性が良く，生で食べられることが必要であるが，さらに5～6℃の冷蔵庫保存で完全に液状であること（耐寒性）が要求される．すなわち，サラダ油からつくったマヨネーズやドレッシングを冷蔵庫に保存したとき，乳化が壊れて分離が起こらないために，米国や日本（JAS規格）では0℃で5時間30分保持して油が清澄なことを定めている．一般に，市販サラダ油は0℃で10時間以上清澄であって，冷蔵庫で長期間保存しても問題はない．

わが国ではナタネ油，大豆油，トウモロコシ油（コーン油）などが主なサラダ油原料として単品または配合して使用されるが，原料の選択，搾油，精製，さらに必要に応じ耐寒性を良くするためのウインタリング工程で，油を冷却して固形脂やロウ分を除去するなど，製品の充填に至るまで全工程にわたって細心の注意が払われている．

3.1.3 半精製油

食用油のうち，搾油後に沪過などにより不純物を除き，精製を行わず食用に供されるものを半精製油と呼び，バージンオリーブ油や焙煎ごま油などがある．いずれも原料のもつ風味を活かした製品であり，調理用途だけでなく，そのまま生食に用いられることも増えている．近年は栄養効果の面からも注目され，アマニ油などが家庭用食用油として普及し始めている．

3.1.4 油による調理と効用

a. 油は食品の味を良くする

栄養的でおいしい料理には，必ずといってよいほど油が関係している．それは，調理で用いた食用油（visible oil）であったり，ウナギのカバ焼きや刺身のトロのように天然に存在する油脂（invisible oil）であったりするが，油は食品の味をマイルドにし，かつコクを与える．油によっておいしくなる食品には，天ぷら，野菜いため，天ぷらそば，たぬきそば，ラーメン，クッキー，パイ，チョコレートなどのほかに，牛乳，アイスクリーム，チーズ，ウナギ，ヤキトリ，サンマなど，枚挙にいとまがない．これらはいずれも油分がなければ風味に広がりがなくなる．

コメを炊く際にも，少量の食用油を加えることでご飯の味を良くするとともに，ご飯が冷えてもパサパサしないなどの効果がある．主に業務用途として炊飯油が販売されているが，これらは油がもつこのような効能を活かすとともに，お釜への付着を減らすなどの効能も訴求するため，レシチンを添加するなどの工夫がなされている．

b.　油は調理時の優れた熱媒体である

調理は一般に食品に熱を加えてデンプンをアルファ化し，タンパク質を変性させて消化率を高めるもので，調理法として煮る，蒸す，揚げる，いためるなど，いわゆる“火を通す”作業を指す．油料理として代表的なものに揚げ物，いため物があるが，いずれも煮たり，ゆでたりするものに比べてビタミンCの破壊や流出が少なく，有色野菜のビタミンA吸収率が高い．揚げ物は油を180℃程度に加熱して揚げ種を入れると油が優れた熱媒体として働き，揚げ種の水分を蒸発させて多孔質で食感の良い食品を作りだし，同時に一部の油が食品の組織内に入り，独特の味を演出する．

c.　油は離型性がある

いため物に食用油を使うが，このとき食用油は焦げつきを防止し，フライパンにくっつくのを防ぐ．食品工業では製菓・製パンの離型剤や天板油として油脂が用いられる．

d.　油は乳化すると味がまろやかになる

マヨネーズ，ドレッシング，マーガリン，バター，牛乳，アイスクリームなどはいずれも乳化食品で，乳化しているため油脂食品でありながら油っぽさを感じさせず，しかも他の食塩，砂糖，酢などの調味料や香辛料の風味をマイルドにする．また，乳化食品は消化吸収が良い．

e. 食用油はビタミンEを含有する

植物性食用油にはビタミンEであるトコフェロールが広く存在する．トコフェロールには4種の異性体があり，特にα-トコフェロールは生体内で高い抗酸化作用を有し，老化防止などの効果があるといわれる．また，γ-，δ-トコフェロールは生体外での抗酸化能が高く，植物油に酸化防止剤を添加していないのはこの作用による．

f. その他

以上のほか，油脂には水分蒸発防止，食品組織の保持，香味保持などの性質があり，保存食品の調理，製造に油はなくてはならないものである．

3.1.5 食用油の酸化と対応

油脂および油脂含有食品は不飽和脂肪酸をその構成成分として含むため，保存時においては空気との共存により酸化され，その性状および品質が経時的に劣化していく．また，フライ操作のように空気と水を含む食品の存在下で高温にさらされると速やかに酸化され，風味の悪化，重合による粘性の増加，発煙などの変質が進む．

劣化した食用油の変敗臭を高温加熱で取り除くとか，野菜をフライして蒸気とともに除くといった方法で劣化した油脂をよみがえらせるという話もあるが，劣化した油が元の新油に戻ることはない．変敗臭が出るほど劣化した状態の油は廃棄しなければならない．

(1) 調理時の変質の防止

家庭でのフライ調理の場合，新鮮な油脂を使い，野菜などから順次，魚・肉などに使い回し，その後，炒め物に使用もしくは廃棄して新油を使う．フライ使用後，沪過して空気との接触面の小さい容器に保管すれば変質速度は遅くなる．業務用など大規模にフライを行う場合，コスト面，環境負荷の面から可能な限り廃棄は行わないよう，揚げ種に吸着されてロスするフライ油を差し油し，色や酸価で管理することでフライ油の回転率を上げている．

(2)　保管時の変質の防止

油は光と酸素と温度に敏感であり，市販製品はこれらの影響を受けないよう容器包装や物流上の配慮を行っている．金属缶容器が酸化対策として極めて効果があるが，近年，取り扱いの容易さ，物流コスト削減のための重量軽減などにより，ペットボトルなど樹脂製容器の市販製品が占める比率が高い．樹脂は酸素や光の透過性の面で保管時の課題があるが，ガス透過性の低い素材の利用や，ヘッドスペースの窒素置換などにより保存性を高める工夫がなされている．

酸化に対する対応は，油脂そのものだけではなく，スナック菓子，即席めんなど油脂を用いた加工食品についても重要で，以前は透明な樹脂製容器で普及していた製品についても，アルミラミネートやガス透過性の低い包装素材への転換がなされている．

家庭での食用油の保管に際しては冷暗所保存し，使用量に応じた容量の製品を使用して，開封後はできるだけ早めに使い切ることが重要である．

3.2　マヨネーズ，ドレッシング

3.2.1　乳　　化

油脂食品は乳化させると味が良くなるだけでなく，消化吸収も良くなる．一般に油は水と混ざらないが，卵黄やモノグリセライドなどを用いてかき混ぜると，これらが乳化剤として働き安定な乳化物をつくる．乳化の型には，水中に油の微粒子が分散した水中油滴型のもの（O/W 型；牛乳，アイスクリーム，マヨネーズなど）と，油中に水が分散した油中水型のもの（W/O 型；バター，マーガリンなど）の 2 種類があり，O/W 型は水中に投入すると容易に分散するため見分けがつく．マヨネーズやドレッシングは O/W 型の乳化で，水相が主体になっているため特に食感がまろやかになり，嗜好性が高い．

3.2.2　ドレッシング類の定義

ドレッシングは，「食用植物油脂と食酢又はかんきつ類の果汁を主原材料（必須原材料）として，食塩，砂糖類，香辛料等を加えて調製し，水中油滴型に乳化した半固体状若しくは乳化液状の調味料又は分離液状の調味料であって，主としてサラダに使用するもの」と JAS で定義されており，大きく 3 つに分けられる．1 つ目は「半固体状ドレッシング」で，固体でも液体でもない一定の粘度（とろみ）をもったものである．これはさらに，「マヨネーズ」「サラダクリーミードレッシング」「その他の半固体状ドレッシング」の 3 種類に分けられる．サラダクリーミードレッシングやその他の半固体状ドレッシングは，見た目はマヨネーズに似ているが，使用できる原材料や食用植物油脂の重量割合が異なるものであり，いわゆるカロリーカットしたものや特定の風味付けをしたもので，マヨネーズタイプ調味料とかマヨネーズ風調味料と呼ばれている．2 つ目は「乳化液状ドレッシング」，3 つ目は「分離液状ドレッシング」である．

これらのドレッシングに，「ドレッシングタイプ調味料」（食用植物油脂を使用していない，いわゆるノンオイルドレッシング）と加工油脂等を使用した「サラダ用調味料」の 2 つを含めて，「ドレッシング類」と称している．

3.2.3　マヨネーズ

(1)　マヨネーズの原料と製法

マヨネーズは半固体状ドレッシングの1つと定義され，卵を使用し，食用植物油脂の重量割合が65%以上のものをいう．低カロリータイプのサラダクリーミードレッシングは，卵以外にデンプンなどが用いられ，油分が低いものである．

マヨネーズはサラダ油，食酢，卵黄，砂糖，食塩，マスタード，ホワイトペッパーなどを原料としてつくられる．その硬さは配合によって異なり，油を増やしていくと硬く粘稠なマヨネーズとなり，食酢の割合が多いと粘度が低くなる．一般に，マヨネーズの油分は70%前後となっている．良いマヨネーズを作るには良いエマルションをつくる必要があり，乳化の手順，機械設備，温度条件などが大事である．もっとも適した温度は15～20℃で，製造温度をこれ以下に下げていくと製造直後のエマルションは段々硬くなるが，微細な油脂結晶の形成により乳化状態が不安定となり，硬さを失いやすくなる．粒子の細かい，エマルションの安定なマヨネーズは油の粒子の大きさが6 μm以下で，通常2～4 μmの範囲にある．乳化が十分でないときには10 μm以上となり，時間が経つと油の粒子が凝集して大きくなり，長期保存で粘度が下がって分離を起こす．また機械的振動に弱いため，出荷輸送中に分離を起こしやすい．

表3.1　代表的なマヨネーズの配合比

油	75.0%
酢（酢酸として4.5%のもの）	10.8
卵黄	9.0
砂糖	2.5
食塩	1.5
マスタード	1.0
ホワイトペッパー	0.2

製法は，あらかじめ配合した原料をかき混ぜて粗い粒子のエマルションをつくり，次いでこれをコロイドミルにかけて均一で細かいエマルションをつくる．

マヨネーズを低温で長期保存すると分離することがある．これは，低温で油の粒子が結晶となって固化し乳化が壊れてくるからで，マヨネーズなどに使用するサラダ油は耐寒性の良いものでなければならない．そのため，サラダ油はウインタリング工程で固形脂やロウ分を取り除くことは前に述べた通りである．油の種類がマヨネーズの作りやすさに影響を与えることはない．

日本で最初に製造されたマヨネーズは綿実油を使用していた．しかし，日本の綿花生産が減少するにつれて，大豆油やナタネ油を使

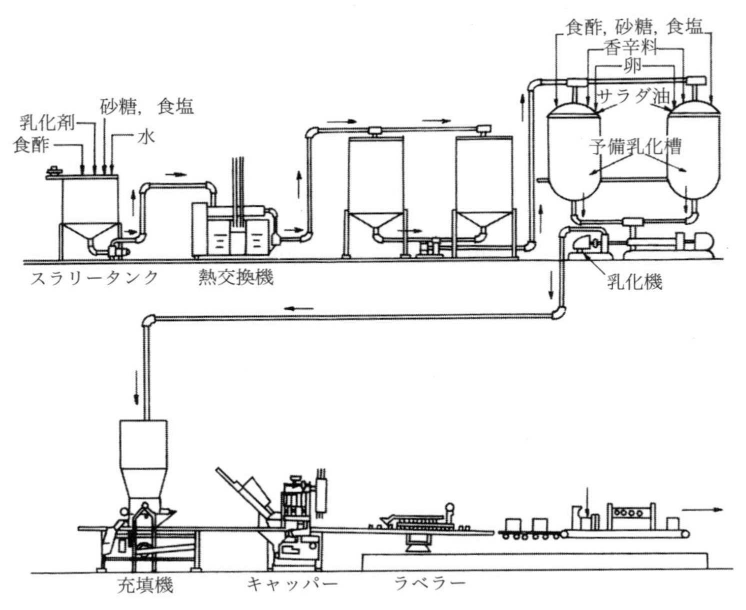

図 3.1 マヨネーズ，ドレッシングの製造工程

用するようになっている．そのほか，べに花油を用いたもの，香りのあるオリーブ油やゴマ油を混ぜた製品もある．

図3.1にマヨネーズとドレッシングの製造工程を示した．

(2)　家庭でのマヨネーズ作り

マヨネーズは家庭でも比較的簡単につくることができる．配合は好みに応じて変えることができるが，基本的には卵黄を乳化剤として食酢の中に油滴を分散させてエマルションをつくる．配合の一例を示すと次のようになる．

卵　　黄	1個
サラダ油	180cc（カップ1杯）
食　　酢	15cc（大さじ1杯）
食　　塩	3g（小さじ1/2杯）
洋がらし	1〜2g（小さじ1/2杯）
こしょう	少々

乾いたボールに分量通り（全量）の卵黄，塩，砂糖，香辛料を入れ，さらに酢を少し入れて泡立て器で強くかき混ぜると粘度の高いマヨネーズのベースができる．これに残りの酢を加えながらさらにかき混ぜると粘度が下がり，ゆるくなってくる．そこでサラダ油を少しずつ加え十分かき混ぜると再び粘度の高いものができる．油を加えると硬くなり，酢を加えるとゆるくなる．これを繰り返して最終的に好みに応じた粘度，味に調整する．マヨネーズの作り方で失敗するのは油を入れる早さで，少なくとも油の量の1/3くらいまでは十分にかき混ぜながら少しずつ油を入れ，乳化が十分になるまで次の油を入れてはいけない．ある程度の量のマヨネーズができ上がると，その後は油を入れすぎてもほぼ安定なマヨネーズが得られる．

3.2.4 ドレッシング

ドレッシングは嗜好食品で多くの種類があるが，大別するとマヨネーズのような乳化タイプと，分離タイプの2つがある．近年，食生活が向上するにつれて嗜好が多岐にわたってきたのに応じ，それぞれのタイプの中で香辛料などをさらに変えていろいろな商品が市販されている．例えば，サウザンアイランド・ドレッシングは卵を使った乳化型で，パプリカ，トマトケチャップなどが添加されたものであるが，これにピクルスや，ニンジンのみじん切りなどを入れたバリエーションがある．そのほかの乳化型にはチーズ，アンチョビ，ガーリックの風味を特徴とするシーザー，生キャベツ用の甘味と酸味が強いコールスローなどがある．分離型についてもいろいろな商品が見られ，油脂と酢またはかんきつ果汁に香辛料を加えたフレンチや，オニオンやガーリックなどを効かせたイタリアンなどがある．これらには乳化型の商品もある．乳化型ドレッシングの製法はマヨネーズとほぼ同じで（図3.1），同じ装置，または一部を使用して製造できる．

マヨネーズにしてもドレッシングにしても，その主成分はサラダ油である．したがって，使用するサラダ油を生で食べることになる．そのため，油の品質や風味は良好で安定していなければ，製造したマヨネーズやドレッシングの品質や風味に影響を与えてしまう．

3.3 マーガリン

約120年前，フランスにおいてバターの代替品としてマーガリンが誕生した．メージュ・ムーリエ（Mège Mouriés, 1817–1880）はナポレオン3世の懸賞募集に応募してこれを完成し，1869年にフランスおよび英国の特許を獲得した．以来，マーガリンは世界中に広がって各地で生産され，現在，全世界で年間約 960 万トンの生産量に達している．

マーガリンという名称はギリシャ語の「真珠」を意味するマーガライト（margarites）からとったといわれている．当時は原料油脂として牛脂を主体に製造されていたが，その後，硬化油の発明，真空脱臭技術の発明などがあり，現在のマーガリンの品質にまで発展してきた．

日本では 1908 年，帝国社（横浜）において試験的に生産されはじめ，当時はバターに匹敵する食品であるという意味から「人造バター」と呼ばれた．その後，第 2 次大戦後の食糧統制時代にパン食が普及し，特に学校給食にパン食の採用があってマーガリンの生産

表 3.2　国内のマーガリン生産量の変遷

（単位：トン）

	マーガリン			ファットスプレッド			合計
	家庭用	学給用	業務用	家庭用	学給用	業務用	
1951 年	6,043		15,786				21,829
1955 年	8,517		36,710				45,227
1660 年	13,602		29,427				43,029
1965 年	25,806		33,942				59,748
1970 年	50,175		58,292				108,467
1975 年	57,983	6,433	92,858				157,274
1980 年	76,678	4,790	140,821				222,289
1985 年	82,963	3,291	154,777				241,031
1990 年	23,847	1,927	150,691	54,798	24	18,428	249,715
2000 年	12,227	1,826	161,647	58,484	99	21,013	255,296
2005 年	11,360	1,262	153,423	51,618	89	29,135	246,887
2010 年	11,348	1,047	141,341	43,037	79	33,333	230,185
2015 年	15,861	1,097	144,660	29,737	8	33,563	224,926
2016 年	15,515	1,008	150,469	26,241	2	32,040	225,275

注：1988 年からファットスプレッドが追加された．　（農林水産省統計）

表 3.3　主要国別マーガリン生産量（2015 年）
（単位：千トン）

パキスタン	1,030	中国	355
インド	1,010	ドイツ	354
ロシア	961	英国	320
ブラジル	835	エジプト	240
トルコ	787	日本	150
米国	495		
ポーランド	390	世界合計	9,676

資料：オイルワールド・アニュアル（2016）．
マーガリン工業会統計データより．

量は増大の一途をたどった．その名称も，1952 年（昭和 27）に日本マーガリン工業会が設立されると同時に，諸外国と同様，マーガリンと改称され今日に至っている．

現在，国内で生産されているマーガリンは大別して家庭用，学校給食用，業務用に分けられ，その生産量の変遷は表 3.2 のようになっている．また，主要国の年産量を表 3.3 に示す．

3.3.1　マーガリン類の定義

消費者庁の定める食品表示基準では，マーガリン類はマーガリンとファットスプレッドに分類され，「食用油脂（乳脂肪を含まないもの又は乳脂肪を主原料としないものに限る）に水等を加えて乳化した後，急冷練り合わせをし，又は急冷練り合わせをしないでつくられた可塑性のもの又は流動状のもの」であって，油脂含有率が 80％以上のものをマーガリン，80％未満のものをファットスプレッドと区別している（表 3.4）．

また，日本農林規格（JAS）のマーガリン規格では上記定義に加え，水分が 17％以下であることや，使用できる原料が規定されている（表 3.5）．

表 3.4 マーガリン類の定義
(平成27年3月20日内閣府令第10号 食品表示基準別表第3より)

	マーガリン	ファットスプレッド
定義	食用油脂(乳脂肪を含まないもの又は乳脂肪を主原料としないものに限る)に水等を加えて乳化した後,急冷練り合わせをし,又は急冷練り合わせをしないで作られた可そ性のもの又は流動状のものであって,油脂含有率が80%以上のものをいう.	次に掲げるものであって,油脂含有率が80%未満のものをいう. 1. 食用油脂に水等を加えて乳化した後,急冷練り合わせをし,又は急冷練り合わせをしないで作られた可そ性のもの又は流動状のもの 2. 食用油脂に水等を加えて乳化した後,果実及び果実の加工品,チョコレート,ナッツ類のペースト等の風味原料を加えて急冷練り合わせをして作られた可そ性のものであって,風味原料の原材料に占める重量の割合が油脂含有率を下回るもの.ただし,チョコレートを加えたものにあっては,カカオ分が2.5%未満であって,かつ,ココアバターが2%未満のものに限る.

表 3.5 マーガリン類の日本農林規格

	マーガリン	ファットスプレッド
性　状	鮮明な色調を有し,香味及び乳化の状態が良好であって,異味異臭がないこと.	1. 鮮明な色調を有し,香味及び乳化の状態が良好であり,異味異臭がないこと. 2. 風味原料を加えたものにあっては,風味原料固有の風味を有し,きょう雑物をほとんど含まないこと.
油脂含有率	80%以上であること.	80%未満であり,かつ,表示含有率に適合していること.
乳脂肪含有率	40%未満であること.	40%未満であり,かつ,油脂中50%未満であること.
水　分	17.0%以下であること.	
油脂含有率及び水		85%(砂糖類,蜂蜜又は風味原料を加えたものにあっては,65%)以上であること.
内容量	表示量に適合していること.	同左

	マーガリン	ファットスプレッド
原材料	次に掲げるもの以外のものを使用していないこと. 1. 食用油脂 2. 乳及び乳製品 3. 食塩 4. カゼイン及び植物性たん白 5. 砂糖類 6. 香辛料	次に掲げるもの以外のものを使用していないこと. 1. 食用油脂 2. 乳及び乳製品 3. 砂糖類 4. 糖アルコール 還元水あめ，還元麦芽糖水あめ及び粉末還元麦芽糖水あめ 5. 蜂蜜 6. 風味原料 7. 調味料 食塩及び食酢 8. カゼイン及び植物性たん白 9. ゼラチン 10. でん粉及びデキストリン
添加物	1. 国際連合食糧農業機関及び世界保健機関合同の食品規 格委員会が定めた食品添加物に関する一般規格 (CODEX STAN 192-1995,Rev.7-2006)3.2 の規定に適合するものであって，かつ，その使用条件は同規格 3.3 の規定に適合していること. 2. 使用量が正確に記録され, かつ, その記録が保管されている ものであること. 3. 1. の規定に適合している旨の情報が，一般消費者に次のい ずれかの方法により伝達されるものであること．ただし，業務用の製品に使用する場合にあっては，この限りでない. (1) インターネットを利用し公衆の閲覧に供する方法 (2) 冊子，リーフレットその他の一般消費者の目につきやすい ものに表示する方法 (3) 店舗内の一般消費者の目につきやすい場所に表示する方法 (4) 製品に問合せ窓口を明記の上，一般消費者からの求めに 応じて当該一般消費者に伝達する方法	同左

3.3.2 マーガリンの構造と原料

(1) マーガリンの構造

マーガリンは図 3.2 に示すような W/O 型のエマルションである．油相中では分散した油脂結晶同士が直接的な接触や弱い分子間力によりゆるく結合しており，この構造によって可塑性などの物性が発現する．

(2) 原料油脂

マーガリン自体の保形性や使用時の延びの良さなど，製品ごとの特徴的な機能や物性は上述の油脂結晶によって付与される．このため，融点の異なる固形油脂や液状油脂を組み合わせることで，用途に合わせた製品設計が行われる．固形油脂としてはパーム油，パーム核油，ヤシ油，牛脂，豚脂，乳脂など，液状油脂としては大豆油，ナタネ油，トウモロコシ油（コーン油），サフラワー油などが用いられる．また，これらの油脂を分別や水素添加，エステル交換した加工油脂を使用することでマーガリンの物性を調整する．

第 2 次大戦後の食糧配給時代には，日本最大の油脂資源であった鯨油を食用化するため，水素添加を行い硬化油として利用した．こ

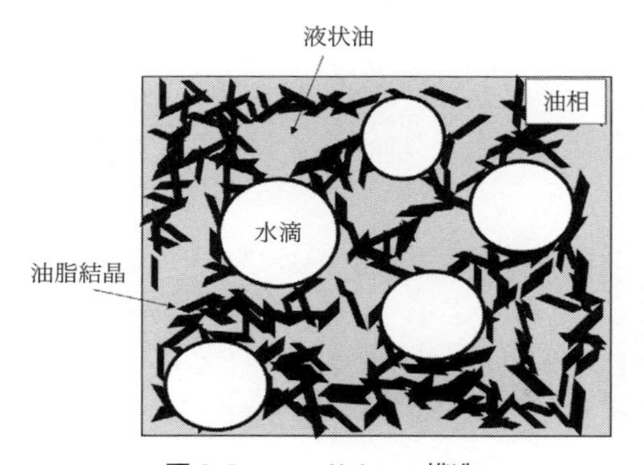

図 3.2 マーガリンの構造

れにより，油脂加工事業が急激に発達し，マーガリン製造技術も飛躍的に進歩した．後に，大豆油やナタネ油，パーム油などの植物油がマーガリンの主要原料となったが，鯨油や魚油の硬化油は植物性硬化油にない口どけの良さをもつため，特に魚油硬化油は植物性硬化油とともに多用されてきた．しかし，トランス脂肪酸の健康影響が問題視されるようになり，2000 年頃からは部分硬化油は使用量が徐々に減少し，市販されている製品は部分硬化油由来のトランス酸を含まないものへと移行してきている．

現在，部分硬化油に代わり用いられているのが分別油やエステル交換油であり，含有するトリグリセライド組成の調整を行うことで，マーガリンの物性をコントロールしている．特に生産量が多く価格の安いパーム油は広く利用されているが，トリグリセライドの組成が POP（β-POP，パルミチン酸-オレイン酸-パルミチン酸）と POO（β-POO，パルミチン酸-オレイン酸-オレイン酸）に偏った組成をもつ．このためパーム油は，結晶化速度が遅い，結晶構造が経時的に変化しやすい等の特徴をもっており，そのままマーガリンに使用すると品質上問題が生じやすい．このため，分別やエステル交換を行うことで問題の原因を減らし，活用されることが多い．

(3) 副 原 料

マーガリンの原料としては油脂などの主原料のほかに食塩，色素，フレーバー，乳化剤，抗酸化剤，水および乳製品などが副原料として使用される．

マーガリンの着色には，主に β-カロテンなどの植物性の色素が用いられる．

バターの自然な風味を付与するため，フレーバーにはバターの主な香気成分である脂肪酸類，ラクトン類，エステル類，アルデヒド類等を調合したものが用いられる．マーガリンの用途によって風味強度や風味バランスが異なるため，様々なフレーバーを使い分ける．また，乳製品としてバターや発酵乳，脱脂粉乳等を用いてマーガリンの風味を向上させる場合もある．

乳化剤は油相と水相がよく乳化してエマルションをつくるように，またその乳化が壊れて変質するのを防ぐ目的で使用され，モノグリセライドや大豆レシチン等が主に使用される．

抗酸化剤は，劣化しやすい油脂を配合する場合や長期保存される場合に配合され，油脂の酸化劣化により生じる劣化臭の発生を抑制する．

3.3.3 マーガリンの製造法

(1) 製造装置

マーガリンは上述の原料を撹拌，乳化して油相と水相のエマルションをつくり，これを急速冷却し，油脂を結晶化することで製造される．その方法については，マーガリンが発明されて以来種々の改良法が考案されている．

国内のマーガリンの製造方法は，大きく分けて次のように発達してきた．

i） 湿式法

ii） 緩冷法

iii） クーリングドラム（cooling drum）法

iv） 連続密閉熱交換機方式

湿式法は，乳化釜で撹拌によって乳化した全原料を0～5℃の冷水中に急激に放出することにより急冷してマーガリンの結晶を生成させ，これをかき集めて練り上げて成形する方法である．この方法は細菌に汚染されやすく，また，水分のコントロールが困難であった．

緩冷法は，乳化釜でつくられたエマルションを外壁より冷媒によって冷却，撹拌しながら，ややおだやかに冷却したものを容器に秤取する方法である．この方法では冷却の速度が遅いため製品の結晶がやや粗雑であり，かつ練圧が不十分なため製品の柔軟性，展延性が不足するものであった．

クーリングドラム法は，主として欧州において行われた方法である．でき上がったエマルションをステンレス製の回転ドラムの表面に注ぎ，ドラムの内面から冷媒によって冷却するため，マーガリンはその表面上で瞬間的に冷却結晶化する．これをかき取り刃によってフレーク状にかき取り，数十分または数時間のねかし時間（レスティング）の後，練圧機によって練り出し成形を行って製品とする方法である．

連続密閉熱交換機方式は，急速冷却，かき取り，練圧を連続式の密閉系内で行う方法であり，米国で開発された量産機であるボテーター（Votator）が1953年頃より日本にも輸入された．その後，同型の製造機として各種の開発を加えたパーフェクター（Perfector, デンマーク），コンビネーター（Kombinator, ドイツ）が登場した．この方法は，高効率で衛生的であると同時に品質のコントロールが容易であることから，現在のマーガリン製造の主流となっている．

(2) 製造工程

図3.3に，連続密閉熱交換方式による一般的なマーガリンの製造工程を示す．原料は乳化槽で加温しながら液状で撹拌，乳化される．原料油脂は常温で固体となるような硬さに配合されているが，50〜60℃の温度に加温された状態で液状となり，これに各種副原料が添加され，50℃程度の温度で撹拌されて油中に水が分散するW/O型エマルションとなる．

エマルションは高圧ポンプによって密閉チューブ状の熱交換機

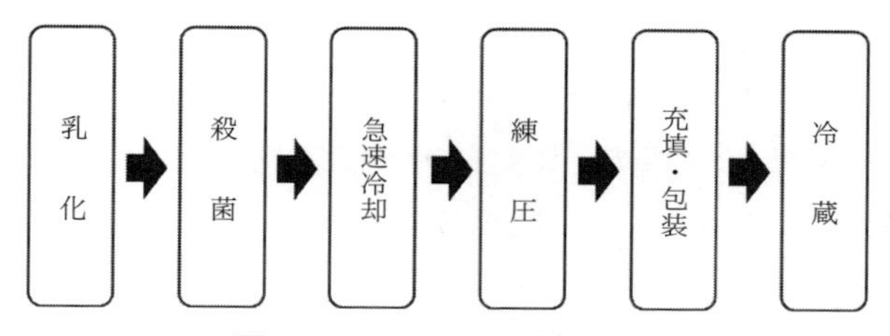

図 3.3 マーガリンの製造工程

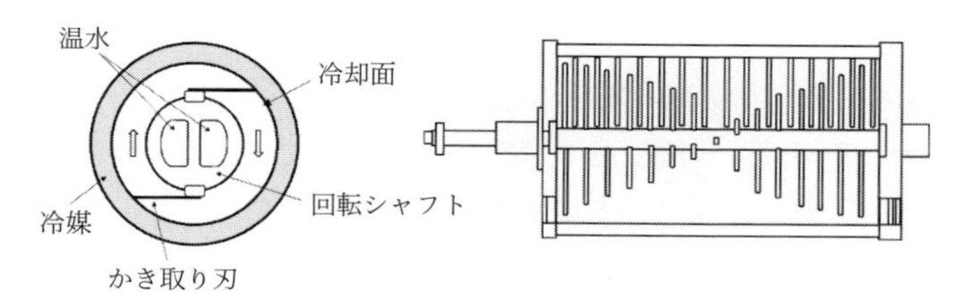

図 3.4 密閉冷却チューブ（A ユニット）（左）とピンマシン（B ユニット）（右）

（A ユニット）に送られる．その外周はジャケットとなっており，その中は－15～－20℃のアンモニアまたは代替フロンの低温冷媒が満たされており，チューブの中心を流れるエマルションを間接的に急冷する（図 3.4）．エマルションの急冷によって油脂の結晶化が起こり，ジャケットの内壁に固結し始める．これを回転シャフトに取り付けたかき取り刃で内側にかき取ることで，冷却効果を下げず結晶化を進行させる．このように，エマルションは効果的に連続して急冷され，10～20℃の温度となって A ユニットを通過する．配合油脂の融点は通常 30～35℃程度であるが，瞬間的な冷却により過冷却の流動状態で次の B ユニットまたはレスティングチューブに入る．家庭用マーガリンではこれを直ちにカップ充填，または角型棒状に成形する必要があるため，レスティングチューブと呼ばれる空洞の筒を練らずにゆっくり通過させ，その間に結晶化が進み適切な形に成形される.

業務用マーガリンは一般に 10 kg, 20 kg の大型包装であることと,製菓・製パンの原料として使用する際は展延性の良いことが望まれるため,A ユニットに続き B ユニットと呼ばれるピンマシンで練圧される.複数本のピンによりせん断力が加わることで油脂結晶が再構成され,延びの良いマーガリンとなるよう工夫されている.

3.3.4 マーガリンの種類

マーガリンは,一般家庭で消費する家庭用マーガリンと学校給食用,製菓・製パンなどの工場で菓子・パンの製造原料として使用される業務用マーガリンとに分けられるが,それぞれに特徴をもたせた品種がある.

(1) 家庭用マーガリン

家庭用マーガリンは冷蔵庫で保存しても硬くならず,出した直後でもパンに塗りやすい延びの良い軟らかさや,室温に置いてもすぐには変形しない適度な硬さなどが求められる.低カロリータイプ,ソフトタイプの製品も多く,油分の少ないファットスプレッド規格の割合が高い.

学校給食用マーガリンは 1 食分相当の 6〜10 g が小型包装となっており,各自がパンに塗りやすい形となっている.常に室温で使用されるため,融点は家庭用マーガリンよりも高めに設定されている.

(2) 業務用マーガリン

業務用マーガリンはもっとも生産量が多く,製菓や製パンなどの食品製造用に使用される.

練り込み用マーガリン:製菓・製パンなどで生地への練り込み用

など幅広く使用できる標準的なマーガリンで，着色しない白色のものや無塩のものなども使用されている．また，風味改良の目的でバターなどの風味原料を配合したマーガリン，乳化剤や酵素を使用したマーガリンなども広く使用される．

ロールイン用マーガリン：デニッシュ，ペストリーなどの層状のパンに用いられ，シート状のマーガリンを生地にはさみ，何層にも折り込んで成形，焼成される．そのため，折り込み時の展延性や機械耐性などが要求される．パイはペストリーと異なり発酵の工程がないために生地の弾力が強いため，ペストリー用マーガリンよりさらにコシの強いマーガリンを必要とする．

バタークリーム用マーガリン：マーガリンやショートニングなどの油脂を強く撹拌して泡立て，これにシロップを適量加えたものでありロールケーキにサンドしたり，パンのフィリングとして使用される．このため，口溶けや風味が重要となる．

口どけや風味を改良したものとして，二重乳化マーガリン（O/W/O 型）が開発されている（図 3.5）．O/W 型エマルションは外相が水相であるため味を感じやすいが，腐敗しやすいため，これを油相で包むことでクリーミング性，保形性，保存性を高めて，風味も改良する．

外側の油相の融点を低くし，内側の O/W 型エマルションの油脂

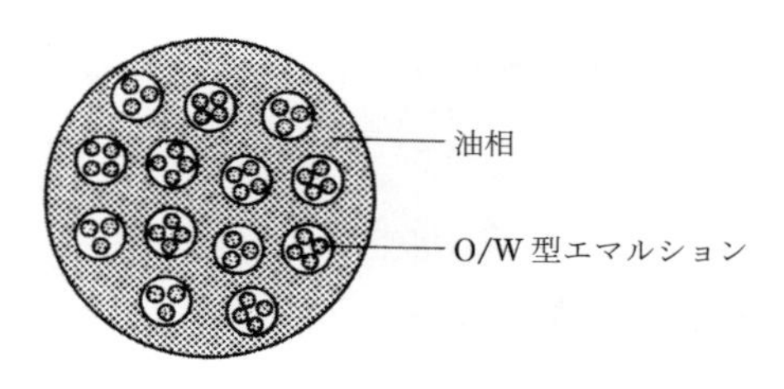

図 3.5　二重乳化マーガリン

の融点を高くして，口どけを良くしながら味を残す方法も採られている．

また，バタークリームを製造するにあたって，あとからシロップを添加する手間を省略するため，マーガリンにシロップを含有させた特殊な加糖マーガリンも製造されている．

逆相マーガリン：マーガリンは通常，油相の中に水相が分散しているW/O型のエマルションであるが，乳化剤の選択や製造方法の工夫によってはO/W型のマーガリンを製造することができる．水分も標準マーガリン並みに17%以下とすることができる．この種のマーガリンは水が油滴を包む形をしているため，マーガリンを圧延した場合，油滴相互間の粘着性が少ないため展延性に優れ，パイ，ペストリーなどの折り込み用油脂として適している．

ファットスプレッド：食用油脂に水などを加えて乳化し，さらに急冷練り合わせをして作られる低油分マーガリンと，食用油脂に水などを加えて乳化した後，風味原料を加えて急冷練り合わせをしてつくられる可塑性のある風味スプレッドの，2つのタイプがある．原料油脂はマーガリンと同様だが，油分は80%未満と定義されている．

低油分のマーガリンは家庭用に多いが，業務用では食用乳化剤との組み合わせでパン生地練り込み用などにも使われている．

風味スプレッドは，ミルクやココアなどの風味原料や糖類などが加えられ，特有の風味と適度の甘味，塩味，酸味などを有している．

3.4 ショートニング，ラード

ショートニングおよびラードは，マーガリンと同様に食用加工油脂と総称される油脂製品であるが，ともにマーガリンと異なり水分を全く含有しない．そのうち豚脂を主原料油脂とした製品がラードであり，それ以外のものがショートニングと呼ばれる．

3.4.1　ショートニング

ショートニングという名称は，パン，ビスケットなどの原料として使用した場合，その製品の口あたりを良くし，“もろさを与える”という意味の英語から由来している．わが国ではパン，菓子用油脂として戦前は牛脂，豚脂をそのまま使用するか，高級品はバターを使用していたが，戦後，ショートニングの製造が米国にならって行われるようになった．

初期のショートニングはすべて，油脂を急冷固化する際に窒素ガスを容積にして10〜20％細かく分散させた，いわゆるガス入りの製品が主であった．その後，窒素ガスを含有しないもの，急冷練り合わせを行わないもの，およびフライ用の固形脂もショートニングの範囲に含まれることになり，現在に至っている．わが国におけるショートニングの生産量の変遷は表3.6のようになっている．

表3.6　わが国のショートニング生産量の変遷（トン）

平成 8 年（1996）	193,684
平成 13 年（2001）	194,515
平成 18 年（2006）	214,117
平成 23 年（2011）	205,121
平成 28 年（2016）	251,272

日本マーガリン工業会「食用加工油脂生産統計」より抜粋．

(1)　ショートニングの日本農林規格

日本農林規格（JAS）におけるショートニングの定義は，精製と動植物油脂，硬化油またはこれらの混合物を急冷練り合わせでつく

表 3.7 ショートニングの日本農林規格

区 分	基 準
性 状	急冷練り合わせをしたものにあっては，鮮明な色沢を有し，組織が良好であって，異味異臭がないこと．その他のものにあっては，鮮明な色調を有し，異味異臭がないこと．
水 分（揮発分を含む）	0.5％以下であること．
酸 価	0.2 以下であること．
ガス量	急冷練り合わせをしたものにあっては，100 g 中 20 mL 以下であること．
食品添加物以外の原材料	食用油脂以外のものを使用していないこと．
異 物	混入していないこと．
内容量	表示重量に適合していること．

日本マーガリン工業会 HP より転載．
http://www.j-margarine.com/jas/jas.html

られた固状のもの，および急冷練り合わせをしないでつくられた固状または流動状のものであって，可塑性，乳化性などの加工性を有するものをいう．規格の内容は表 3.7 の通りである．

(2) ショートニングの原料

ショートニングの主原料である油脂は，業務用のマーガリンの原料油脂と同じような考えに基づいて選ばれる．ただし，マーガリンは風味および口どけの点を配慮して選ばれるのに反して，ショートニングはどちらかというと常温における延びの良さ，パン，菓子の生地への親和性を主として考えられる．また，フライ用では熱に対する酸化安定性を，またアイスクリーム用としては風味の淡白さ，口どけの良さなどを考慮して原料油脂が選択，配合される．

ショートニングは副原料として，食用乳化剤および酸化防止剤が添加されることが多い．乳化剤としてはモノグリセライド，レシチンなどが使用され，0.1～0.5％の範囲で添加することにより油脂の結晶を微細にする効果を与える．酸化防止剤としては，天然品であるトコフェロールが使われる場合が多い．

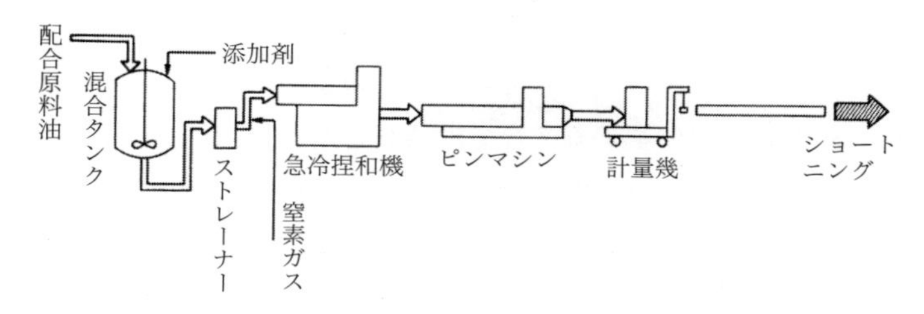

図 3.6　ショートニングの製造工程

(3)　ショートニングの製造法

ショートニングの製造方法は，現在では業務用マーガリンの一般的製造方法とほとんど同じであり，油脂をボテーター，パーフェクターなどの製造機で急冷する際に窒素ガスを吹き込み，均一に分散させる点がマーガリンの製造方法と異なっている．

油脂中に吹き込まれた窒素ガスは微細な気泡となって分散しているので，全体としてアイスクリーム様の白色で，延びの良いペースト状となっている．10～20 kg の包装とした製品は，26～28℃の恒温室でテンパリング（熟成，安定な結晶を形成させる工程）を 1～2 日間行うことによってクリーミング性（空気中で攪拌し泡立てたとき，気泡を含有する性質）の良い製品として製菓方面に出荷される．

窒素ガスを含有させないショートニングは，全体に半透明のグリース状を呈している．製菓・製パンの練り込み用ではガス入りを，冷菓用，フライ用などではガスなしのショートニングが使用されている．

図 3.6 にショートニングの製造工程を示す．

(4)　ショートニングの種類

一般用ショートニングとして製菓・製パンの練り込み用に使用されるショートニングには，純植物性のもの，動植物混合のもの，硬化油のみでつくられる全水添型など各種あるが，通常は窒素ガスを分散含有させた白色のショートニングである．

ショートニングに窒素ガスを分散含有させる目的は，それによってショートニングの軟らかさを増し，生地中への混合を容易にすることにあるが，同時にショートニング自体を白色に見せて商品価値を高めたり，製菓・製パン工程で発生する炭酸ガスや水蒸気を窒素ガス界面でとらえて，ケーキやパンの内相を均一にする効果をもつともいわれている．

これらの中では，特に砂糖を多量に配合するハイレシオケーキなどの油脂として，乳化性を向上させるためモノグリセライドを10～20%配合した高乳化型ショートニングも生産されている．

また液体ショートニングと称して，サラダ油を主体としてこれにモノグリセライドなどの乳化剤を5～10%添加した製品があり，ケーキの製造に使用されている．

大型製パン工場では一般用ショートニングを50～60℃前後で融解し，液状でローリー輸送してタンクからポンプによって製パンミキサーに送り，パン生地を製造することが行われている．

バタークリーム用のショートニングは，マーガリンの項で述べたのと同様にクリーミング性，口どけが良いように工夫されており，クラッカー，クッキー，フライ用のショートニングは酸化安定性の高い原料油脂を使用して製造される．

3.4.2 ラ ー ド

欧米では豚脂のうち特に管理されて採取されたものをそのまま食用に供しており，それをラードと呼んでいる．わが国では得られた豚脂を精製しないでそのまま食用に供するラードの生産は極めて少なく，他の食用油脂と同様の精製工程を経て製造されるので，“精

表 3.8　わが国の精製ラード生産量の変遷（トン）

	純製ラード	調製ラード	合　計
平成 8 年（1996）	23,404	51,488	74,892
平成 13 年（2001）	23,334	39,031	62,365
平成 18 年（2006）	24,600	30,667	55,267
平成 23 年（2011）	11,661	17,999	29,660
平成 28 年（2016）	11,139	12,444	23,583

日本マーガリン工業会「食用加工油脂生産統計」より抜粋.

製ラード”と呼ばれている．現在，トンカツなどのフライ用や中国料理に使用されるラードは，この精製ラードである．

精製ラードは 1955 年（昭和 30）頃より生産が行われ始めたが，当時は主として中華料理店の調理用として使用された．ところが 1958 年（昭和 33）に即席めんが登場し，このフライ用油脂としてラードが使用されるに至って，その後の即席めんブームの波にのって精製ラードの生産量も飛躍的に増大した．しかし，近年，即席めんではフライめんが減少傾向にあることと，植物油脂（主にパーム油）に置き換えられていることから，この用途での使用量は減っており，その他の用途を合わせても精製ラード生産量全体は漸減傾向にある．

わが国の精製ラード生産量の推移を表 3.8 に示す．

なお，1959 年（昭和 34），精製ラードの日本農林規格が制定され，ラードのみを原料とする純製ラードと，融点調節などのため若干他の油脂を配合した調製ラードの 2 種類に分類された．

(1)　ラードの日本農林規格

日本農林規格（JAS）では，“純製ラード”は精製した豚脂からつくられた固形脂をいい，“調製ラード”は精製した豚脂を主原料とし，これに精製した他の油脂を一部配合した固形脂をいう．精製ラードの規格を表 3.9 に示す．

表 3.9 ラードの日本農林規格

区　分	純製ラード	調製ラード
性　状	急冷練り合わせをしたものにあっては，鮮明な色沢を有し，香味及び組織が良好であること．その他のものにあっては，鮮明な色調を有し，香味が良好であること．	
水分（揮発分を含む）	0.2％以下であること	
酸　価	0.2 以下であること	
よう素価	55 以上 70 以下であること	52 以上 72 以下であること
融　点	－	43℃以下であること
ボーマー数	70 以上であること	－
食品添加物以外の原材料	豚脂以外のものを使用していないこと	食用油脂以外のものを使用していないこと
異　物	混入していないこと	
内 容 量	表示重量に適合していること	

日本マーガリン工業会 HP より転載.
http://www.j-margarine.com/jas/jas.html

(2)　ラードの原料

精製ラード原料の豚脂は，かつては米国から輸入されていたが，現在は国内の養豚産業の発展とともに豚脂の発生量が増大し，ほとんどの豚脂が国産のものとなっている．前述のように，純製ラードは豚脂のみを原料としているが，調製ラードでは豚脂の融点を調節して夏季でも固形を保ち，特徴のある風味を与えるために牛脂またはパーム油など他の油脂を若干配合することが行われる．

(3)　ラードの製造法

精製ラードの製造は，これらの原料油脂を一般の食用油脂の方法と同じ精製方法によって精製を行い，これに酸化防止剤としてBHTまたはトコフェロールなどを0.02％以下添加し，ショートニング製造と同様，急冷捏和機（ポテーター，コンビネーターなど）によって急冷して容器に秤量する．

なお，一般調理用として販売する精製ラードは上記の方法で 15 kg 缶として出荷するが，大量に納入する場合には急冷捏和機を通すことなく，50〜60℃の溶解状態のままローリー車に積載して納入し，貯蔵タンクから使用する方法がとられる．

3.4.3 食用精製加工油脂の日本農林規格

1980 年（昭和 55）より食用の硬化油，分別油，エステル交換油

表 3.10 食用精製加工油脂の日本農林規格

<table>
<tr><th colspan="3">区分</th><th>基準</th></tr>
<tr><td rowspan="8">品質</td><td colspan="2">性状</td><td>1. 鮮明な色調を有し，異味異臭がないこと
2. 清澄であること（固状のものにあっては，融解時に清澄であること）</td></tr>
<tr><td colspan="2">水分</td><td>0.2％以下であること</td></tr>
<tr><td colspan="2">融点又は曇り点</td><td>表示している融点又は曇り点に適合していること</td></tr>
<tr><td colspan="2">酸価</td><td>0.3 以下であること</td></tr>
<tr><td colspan="2">過酸化物価</td><td>3.0 以下であること</td></tr>
<tr><td rowspan="2">原材料</td><td>食品添加物以外の原材料</td><td>次に掲げるもの以外のものを使用していないこと
1. 植物油脂　2. 動物油脂</td></tr>
<tr><td>食品添加物</td><td>1. 国際連合食糧農業機関及び世界保健機関合同の食品規格委員会が定めた食品添加物に関する一般規格（CODEX STAN 192-1995, Rev.7-2006）3.2 の規定に適合するものであって，かつ，その使用条件は同規格 3.3 の規定に適合していること
2. 使用量が正確に記録され，かつ，その記録が保管されているものであること</td></tr>
<tr><td colspan="2">内容量</td><td>表示重量に適合していること</td></tr>
</table>

平成 25 年 12 月 24 日農林水産省告示第 3115 号より抜粋．

を一緒にした食用精製加工油脂の日本農林規格の格付が施行された．これらの油の品質の向上と表示の適正化を図るとともに，マーガリンやショートニングなどの品質の向上を図るためにこの規格が定められた．

食用精製加工油脂の日本農林規格を表 3.10 に示す．

3.4.4 食用加工油脂の硬さ

以上述べてきたマーガリン，ショートニング，精製ラードおよび即席カレーなどの原料として使用される精製牛脂などを合わせて食用加工油脂，または食用固形油脂と呼ぶ．これらの食用固形油脂が植物油と大きく異なるのは硬さの点である．

油脂の硬さを決める要素は 3 つあり，第 1 の要素は，先に 1.3 項で述べた油脂の固体脂含量（SFC）である．使いやすい硬さをもったマーガリンを製造するには，適当な SFC をもつように硬化油，エステル交換油，パーム油などの固形脂と植物油などを組み合わせて原料油とする．

第 2 の要素は油脂の結晶形であるが，油脂の結晶形は一般に α 型，β′ 型（β -prime），中間型（intermediate），β 型の 4 つの型が知られている．中間型は結晶のサイズが 3～5 μm 程度で，β 型は 25～30 μm と大きい．

一般のマーガリンやショートニングでは，組織が滑らかなβ′ 型が好ましい．特にクリーミングをする際には気泡が細かい状態で空気を多く取り込むので，バタークリームやケーキ生地のようにクリーミング性が要求される場合にもっとも適している．いろいろな鎖長の脂肪酸からなる油脂は β′ 型で安定化する傾向があり，これにはパーム油，牛脂，バター脂などがある．

脂肪酸組成が単純な油脂は β 型まで転移する．この例として，ラード，カカオ脂などがあげられる．

マーガリンやショートニングの配合は油脂の結晶性を考慮に入れて行われるが，急冷捏和（パーフェクター等の製造機による急冷練り合わせ）を行って固めると，α型結晶ができて安定な結晶形へと転移していく．特にクリーミング性を求められる油脂は，急冷後，テンパリング工程を経るが，これはβ′型結晶の形成を速めるためとされている．

テンパリング工程は，温度コントロールのできる室内で1～2日程度保管して行われる．そのメカニズムについては多くの研究がなされている．Baileyらは，結晶が部分的に融解し再結晶が行われて，機械撹拌に対して強い結晶が形成されるのだと述べている．

第3の要素は，油脂を急冷したあとの練捏の程度である．油脂を急冷固化したあと，すぐに練り合わせ工程を行うことにより可塑性，展延性が得られる．これに反し，油脂を急冷しただけで練りを行わないとゴリゴリした硬さとなり，パンに塗る際のような柔軟な延びは得られない．

マーガリンやショートニングを製造する際に使用される製造機は，以上の3つの要素を適当に組み合わせて最良の製品となるように工夫されている．

3.5 粉 末 油 脂

3.5.1 粉末油脂の種類

粉末油脂はその性状から，液状油や可塑性油脂にはない様々な機能を有した製品が市販されている．一般的な粉末油脂は，その組成から次の2つに大別される．

① ドライエマルション型粉末油脂：油脂をタンパク質や乳化

剤，乳化性デンプンなどで乳化したのち，噴霧乾燥により水分を除いてつくられる粉末油脂．水分の除去には凍結乾燥を用いることもできるが，コスト面から熱風乾燥が一般的である．粉末化した際に油滴を包み込むための糖質が併用され，これにより油滴が多数結びついて粉末油脂の1粒を形成している．一般に親水性を示し，油脂，糖質，乳化剤の組み合わせにより，様々な機能を付与できる．粉末油脂と呼ばれるものの中では，もっとも一般的である．

② 全脂型粉末油脂：固形脂を加熱融解した後，噴霧冷却などで細かい粒状に固化したものや，冷却固化してから細かく粉砕してつくられる油脂100％の粉末油脂である．使用できる油脂に制約があり，比較的高融点の油脂が使用される．一般に，水に溶けず親油性を示す．

なお，油脂を寒天やゼラチンなどのカプセルに封入したものもあるが，粒子径が0.5 mm程度と比較的大きいため，ここでは粉末油脂から除いた．

3.5.2 ドライエマルション型粉末油脂の特徴

このタイプの粉末油脂の一般的組成は，油脂分15～80％，糖質5～45％，乳タンパク質0～20％，乳化剤0～20％，酸化防止剤（トコフェロールなど），香料などである．

油脂としては，粉体の流動性や酸化安定性の面から固形脂が適しているが，使用目的により液状油を配合したものもある．また，配合する油脂や乳化剤，糖質の種類を変えることで，風味や機能などに特徴のある粉末油脂が得られる．

このタイプの粉末油脂の一般的な製造法は，次の通りである．まず，調合槽に水相原料を仕込み，溶解させる．次に，別に調合した油相原料を仕込み，水中油滴型に乳化させてスラリーをつくる．さらに，スラリーを高圧ホモジナイザーなどで均質化して，より微細な乳化とする．その後，殺菌機を経てスプレードライヤーで噴霧乾燥する．ノズルから噴霧されるスラリーが150～250℃の熱風に触れると，水分が蒸発して瞬時に粉末化される．スプレードライヤーには，ドライヤー下部で粒度調整が可能なものや，ドライヤー排出後に振動流動槽で造粒しながら冷却するものがある（図3.7）．

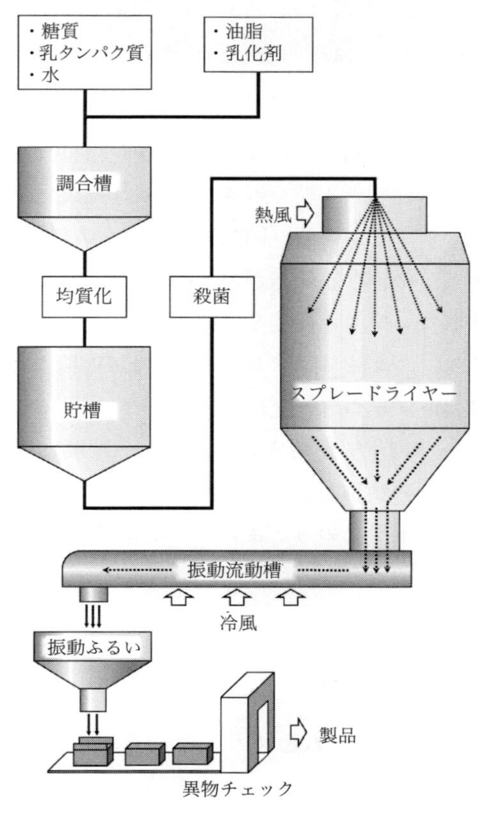

図 3.7　スプレードライヤー方式による粉末油脂製造工程図

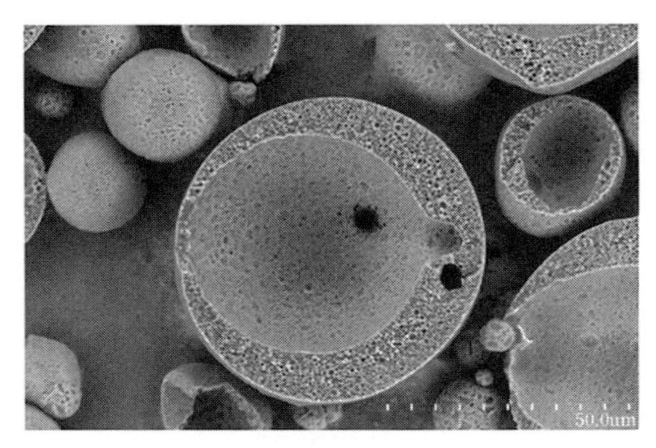

図 3.8 割断した粉末油脂の走査型電子顕微鏡写真

このタイプの粉末油脂は，1〜2 μm の微細な油滴が糖質を介して多数集合し，粉末油脂の 1 粒を形成している．なお，配合により内部に空洞が生じることがある（図 3.8）．そのため，水に溶けた際には糖質が溶解し，微細な脂肪球が再分散することで，液状油や可塑性油脂に見られない様々な機能を発揮する．

用途としては，パンやスポンジケーキなどの製菓・製パンにおける食感向上やボリュームアップに使用されるほか，プリンなどの冷菓にも食感や風味向上で使用される．また，調理食品においても，フライ用バッターの食感向上と食感の維持に使用されるほか，スープ類のコク感の向上やなめらかさの付与にも使用されるなど，幅広い分野で利用されている．

3.6 ホイップクリーム

3.6.1 ホイップクリームとは

クリームは製菓・製パン，コーヒー用などに使用されているが，洋菓子のトッピングクリームやアイシングに使われるホイップクリーム（O/W型エマルション）は，ソフトで軽い口当たりと乳脂肪の風味が好まれ，バタークリーム（W/O型エマルション）に代わって多く使用されるようになってきている．

ホイップクリームはもともと生クリームからつくられていたが，生クリームは日持ちがしないことや，ホイップの持続時間が短く，作業に熟練を要することなどから，乳脂肪の代わりに植物性油脂を加えた合成クリームがつくられている．

乳等省令では，乳脂肪18％以上を“クリーム”としており，その他に植物性油脂と脱脂乳からなる，乳脂肪を含まない植物性クリーム（non-dairy cream）がある．

ホイップクリームは，保管・輸送時のエマルションの安定性はもとより，ホイッピング性，保形性，口どけ，風味の良さなど厳しい性能が要求される．

3.6.2　合成クリームの原料と製造法

一般的な合成クリームの製造工程を図3.9に示す．水相は水，ミルク，乳化剤，安定剤，リン酸塩などからなり，油相は油脂と乳化剤である．生クリームは，予備乳化時，殺菌剤または殺菌後に加えられ，香料は予備乳化後に加えられる．

均質工程はクリームの安定性，ホイップの品質に大きく影響するが，殺菌前，殺菌後または殺菌前後のいずれかに行う方法が採られる．65℃付近で60 kg/cm^{2}前後で行い，脂肪球の大きさが適当な範囲に入るように均質化する．

殺菌は，バッチ方式では80℃15分，HTST（高温短時間）法では80～90℃15～25秒，UHT（超高温）法では105～150℃，0.5～数秒で行われる．

殺菌後に急速冷却（プレート式）や徐冷却（パス冷却）がなさ

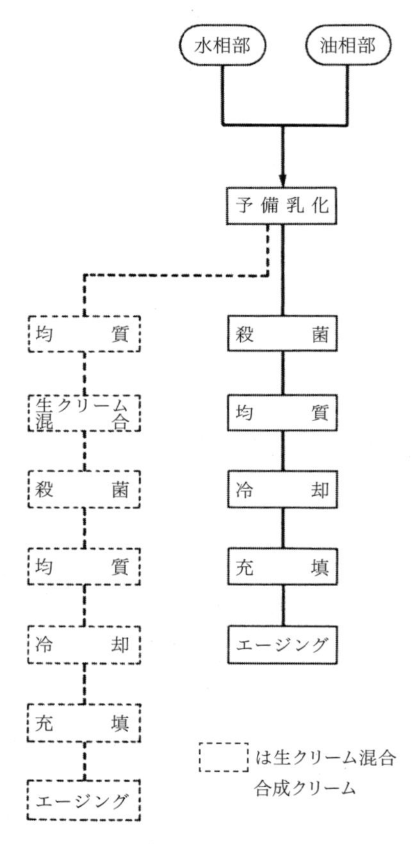

図 3.9　合成クリームの製造工程略図

れ，エージングを経て製品化される．

原料の油脂としては植物性の硬化油，分別油，エステル交換油が用いられる．原料油脂の配合が保管・輸送時のクリームの安定性，ホイッピング性，保形性，風味などに影響する．一般的には，液状の硬化油が原料として多く使用されていたが，トランス脂肪酸の栄養健康問題から，最近はエステル交換油やラウリン系硬化油などがよく使われている．

乳タンパクはホイップする際に気泡膜を形成する役割を果たし，コク味に寄与する．

乳化剤は乳化を安定させるとともに，撹拌するときにO/W型エマルションが適度に壊れ，気泡を取り込む働きをする．前者の目的にはショ糖脂肪酸エステルやソルビタン脂肪酸エステルやポリグリセリン脂肪酸エステルが，また後者にはレシチンが主に使われる．安定剤，リン酸塩は，ホイッピング性，保形性などに影響を与える．

このほか，油脂分の少ないコーヒークリームや製菓・製パンで練り込まれるクリーム類もホイップクリームに準じて製造されている．

3.6.3 オーバーランと安定性

ホイップクリームは，O/W型エマルションの状態から撹拌によって乳化が部分的に壊れて脂肪球が凝集して塊状になり，これが空気を取り込んでホイップされていくと考えられている．

抱気の割合は，次のオーバーランで示される．

$$\text{オーバーラン} = \frac{(\text{ホイップ後の容積}) - (\text{ホイップ前の容積})}{(\text{ホイップ前の容積})} \times 100$$

通常のホイップクリームのオーバーランは100前後を目標とする．生クリームは最適ホイップの持続時間が短いので，その作業に熟練を要するが，合成クリームは最適ホイップ時間がやや長く，オーバーランも大きく，ホイップ後の品質も安定している．合成クリームはやや淡白な風味になるが，最近の消費者嗜好に合っていて生産量が増えている．特に植物性クリームは最適ホイップ時間が長く，作業性が良く保形性も優れており，風味は淡白であるが，作業性と幅広い機能から需要が伸びている．

ホイップクリームの保管・輸送時の温度は5℃前後が適しており，温度が高い（10℃以上）場合は増粘して保形性が劣り，冷結すると乳化が壊れる．

3.7 ハードバター（チョコレート用油脂）

ハードバターは製菓用油脂として重要な製品である．従来，これはカカオ代用脂と呼ばれていた．かつてはバター代用品と考えられていたマーガリンが特徴のある独自の性質を備え，現在では既にバターを追い抜いているように，ハードバターも，種々の菓子類やナッツなどを被覆して装飾，保存，風味などの向上に役立っている．コーティング用をはじめ種々の品種が考案され，ある面ではカカオ脂より優れた特質を備えているものもある．物理的にはショートニングやマーガリンが可塑性を示すのに対して，これらは“硬さ”の保持を特徴とするので，最近ではカカオ脂を含めてハードバターと総称するようになっている．つまり，“硬い脂肪”という意味である．

ハードバターの代表はカカオ脂であるが，常温で硬く，しかも口中で速やかにとける物理的性質をもつ種々の油脂がつくられており，代表的なものを大別すると以下の3種類になる．

a. カカオ脂とカカオ脂グリセライド類似型ハードバター（CBE：cocoa butter equivalent）

b. ラウリン型ハードバター（CBS：cocoa butter substitute）

c. トランス型ハードバター（CBR：cocoa butter replacer）

以下に，この3つの型について，その原料，製法，品種と用途を述べる．

a.　カカオ脂とカカオ脂グリセライド類似型ハードバター（CBE）

カカオ脂はカカオ豆中に約48～57％含まれており，融点34～36℃の常温で極めて硬い植物脂である．ヨウ素価は32～39の範囲にあり，その組成はグリセリンの中央の水酸基（*sn*-2（β）の位置）にオレイン酸がエステル結合した2飽和トリグリセライドが約80％を占めており，カカオ脂の硬さは，このトリグリセライドの物理性による．表3.11にカカオ脂の組成の分析例を示す．この表から，オレオパルミトステアリンが52％，57％という特に高い比率で含まれていることがわかる．

カカオ脂は高価であるため，これに類似した代わりの油脂が求められる．カカオ脂に類似したトリグリセライド組成をもつ植物脂を表3.12に示す．組成において注目すべき点はS_2U（飽和脂肪酸（S）2分子，不飽和脂肪酸（U）1分子で構成されるトリグリセリド）の含有量であるが，パーム油以外は野生の植物から採油されるもの

表3.11　カカオ脂のトリグリセライド組成（モル％）

組	成	Hilditch & Stainsby[1]	Meara[2]
脂肪酸組成	C_{16}	26.2	26.2
	C_{18}	34.4	34.4
	$C_{18:1}$	37.3	37.3
	$C_{18:2}$	2.1	2.1
グリセライド組成	パルミトジステアリン	2	2.5
	オレオジパルミチン	6	4
	オレオパルミトステアリン	52	57
	オレオジステアリン	19	22
	パルミトジオレイン	9	7.5
	ステアロジオレイン	12	6
	トリオレイン	—	1

1)　T.P. Hildtch and W. J. Stainby, *J. Soc. Chem. Ind.*, 55, 95T, 1936.

2)　M. L. Meara, *J. Chem. Soc.*, 2154, 1949.

表 3.12 種々の植物脂のトリグリセライド組成（モル%）

油　　脂	S	S_3	S_2U	SU_2	U_3
モーラー脂	43	1	28	71	0
パーム油[1)]	45	4	41	43	12
シア脂	45	4	41	43	12
パーム油[2)]	55	8	54	32	6
サル脂[3)]	55	2	63	34	1
カカオ脂	61	2	77	21	0
フルワラ脂	62	8	69	23	0
ボルネオタロー	63	5	79	16	0

1) Grand Bassa 産，2) Cameroon 産，3) 別称，Shorea robusta fat.
S：飽和酸基，U：不飽和酸基.
（A. R. S. Kartha, *J. Am. Oil Chem. Soc.*, 30, 326, 1953）

が多く，集荷量に制約がある．わが国では，POP（β-POP，パルミチン酸−オレイン酸−パルミチン酸）を多く含むパーム油と，SOS（β-SOS，ステアリン酸−オレイン酸−ステアリン酸）を多く含むシア脂に含まれる S_2U 分を分別・濃縮して使用していたが，酵素を用いたエステル交換油を配合したものも多く使用されている（後述）.

パーム油の飽和酸はほとんどがパルミチン酸であり，シア脂の飽和酸はステアリン酸が多い．表 3.13 に S_2U を目的として分別したパーム油，シア脂，両者の配合物，さらに比較として精製イリッペ脂（表 3.12 のモーラー脂の別称）を配合した製品の脂肪酸組成と，その固体脂肪数（SFI）を示す.

ハードバターの製造法のうち，酵素を利用したエステル交換法は極めて特徴がある．一例をあげると，高オレイン酸ヒマワリ油（高トリオレイン油脂）の *sn*−1，3 位（α 位）に特異的に働くリパーゼを作用させてステアリン酸とエステル交換し，SOS の多い成分に変換して，その後溶剤分別などで SOS を濃縮する方法である．こ

表 3.13　分別パーム油，分別シア脂，精製イリッペ脂からのハードバター

脂肪酸[1]	No.1	No.2	No.3	No.4
12：0	—	0.4	0.3	0.2
14：0	1.1	0.7	0.2	0.4
16：0	53.1	40.9	4.3	32.3
16：1	0.2	—	—	—
17：0	0.2	—	—	—
18：0	5.9	21.3	54.3	30.2
18：1	33.0	32.3	35.4	33.0
18：2	5.9	3.5	4.5	3.0
18：3	0.2	—	—	—
20：0	0.4	0.9	1.0	0.8
ヨウ素価	39.3	33.8	36.0	34.0
ワイリー融点[2]（℃）	37.5	35.0	36.3	35.8
固体脂指数				
11.1℃　（50℉）	59.0	84.3	85.0	88.0
21.1　（70）	39.4	74.2	81.0	81.0
26.7　（80）	22.5	59.4	68.2	67.2
33.5　（92）	8.0	4.1	9.8	7.3
37.8　（100）	2.0	0.0	0.0	0.0
43.4　（110）	0.0	—	—	—
原料	分別パーム油	分別パーム油 分別シア脂	分別シア脂	分別パーム油 分別シア脂 精製イリッペ脂

1)　脂肪酸の炭素数と二重結合数.

2)　ワイリー融点（WMP）：小脂肪タブレットが水-アルコール液中で軟化して球体になる温度.

（F.R. Paulika, *J. Am. Oil Chem. Soc.*, 53, 421, 1976）

の方法を用いれば，パーム系に含まれるPOPを原料にしてPOS（β-POS，パルミチン酸－オレイン酸－ステアリン酸）をつくることも可能である.

ハードバターに要求される性質は，カカオ脂との混和性が良く，融点降下が少なく，ブルームを起こしにくいこと．また，凝固の際の収縮性が良く，型離れしやすいこと，製品の硬さ，スナップ性

(パチッと割れること), 口に入れたときの即融性や風味, 安定性が良いことなどである. 表3.13においてはNo.4がこれらの要求をもっとも満たし, 特にカカオ脂との混和性が優れている. No.4に次いでNo.2が良く, わが国では市販品の多くがNo.2型を使用していると思われる. No.1とNo.3はカカオ脂との混合率に制限がある. これらは, 板チョコレート, コーティングチョコレートなどにも用いられるが, いずれもテンパリングが必要である.

b. ラウリン型ハードバター (CBS)

原料は文字通り, ラウリン酸の含有量の多いヤシ油およびパーム

表3.14 水素添加によるハードバター

脂肪酸[1]	No.1	No.2
12：0	—	48.9
14：0	0.1	15.7
16：0	2.4	7.8
17：0	—	—
18：0	5.8	12.1
18：1	86.8	6.0
18：2	4.9	0.5
18：3	—	—
20：0	—	0.1
ヨウ素価	70.6	5.0
ワイリー融点[2] (℃)	38.9	40.0
トランス数 (%)	53.6	—
固体脂指数		
11.1℃ (50℉)	64.1	67.0
21.1 (70)	52.5	46.0
26.7 (80)	44.0	32.0
33.5 (92)	19.7	14.2
37.8 (100)	6.1	2.1
43.4 (110)	0	0
原料	大豆油	パーム核油

1), 2) および文献は表3.13に同じ.

核油が主である．

ハードバターの製造法は，分別，配合，水素添加，エステル交換の，単独あるいは組み合わせによって行っている．ヤシ油およびパーム核油の硬化油は，その物理的性質がカカオ脂に類似しており，特にパーム核油の硬化油は即融性が良いので，コーティングチョコレート用のハードバターとして広く用いられている．前項のCBE型よりも価格が安く，おおむねテンパリングが不要で，口ど

表 3.15 水素添加―エステル交換によるハードバター

脂肪酸[1]	No.1	No.2
6：0	0.3	0.4
8：0	4.2	5.8
10：0	3.8	4.7
12：0	48.7	41.7
14：0	15.6	14.8
16：0	7.9	10.4
18：0	17.4	20.6
18：1	1.4	1.1
18：2	0.6	0.2
18：3	—	—
20：0	0.1	0.2
ヨウ素価	1.5	0.8
ワイリー融点[2]（℃）	35.0	37.8
固体脂指数		
11.1℃（50°F）	69.0	67.0
21.1（70）	56.0	54.3
26.7（80）	40.5	38.3
33.5（92）	11.0	14.0
37.8（100）	0.0	2.0
43.4（110）	—	—
原料	パーム核油	パーム核油 パーム油あるいは 綿実油

1)，2) および文献は表 3.13 に同じ．

けが良い．これらはホイップクリーム用の油脂にも用いられる．

一般的なラウリン型ハードバターは，パーム核油の分別により得られる高融点部分（パーム核ステアリン）を原料にして製造され，冷感のある口どけが特徴であるが，分別をせずに硬化・エステル交換などによりつくられているものも多い．

表 3.14 はヨウ素価 5.0 まで水素添加したパーム核油と，トランス酸生成の多い条件でヨウ素価 70.6 まで水素添加した大豆油の，脂肪酸組成と固体脂指数を示したものである．なお，後者については次の c. 項で述べる．

表 3.15 には，No.1 としてパーム核油のヨウ素価 1.5 の硬化油，No.2 としてこれにパーム油または綿実油の硬化油を少量配合した後，両者ともにエステル交換したハードバターの性状を示した．これらはいずれもベーカリー製品類のコーティング用や，ホイップクリーム用油脂に用いられる．

ラウリン型の短所は，カカオ脂との混和性が悪く，混合時の融点の変化が大きいことと，加水分解した際に脂肪酸の特異臭（セッケン臭）が出やすいことである．図 3.10 は，3 つの分類によるハード

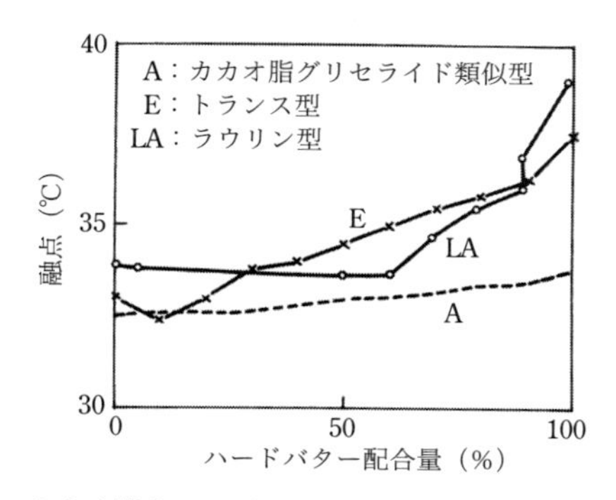

図 3.10 カカオ脂とハードバターとの混合融点（エージング後）
（カカオ脂はそれぞれの場合で種類が異なる）

バターとカカオ脂とを配合した際の融点変化を示したものである．

ラウリン型のハードバターはこの変化が大きいので，ホワイトコーティングやカカオ脂の少ない粉末ココアのコーティングに用いて，この欠点を補っている．このタイプのハードバターは海外では非常に多く用いられているが，日本ではセッケン臭などの問題もあり，コーティング用などに限られているのが現状である．

c. トランス型ハードバター（CBR）

原料に綿実油や大豆油のような液状植物油を用いて，二重結合のトランス異性化（2.3.1 参照）の多い条件で水素添加すると，温度

表 3.16 綿実油と大豆油の水素添加，分別によるハードバター

脂肪酸[1]	No.1	No.2
12：0	0.2	0.2
14：0	0.6	1.0
16：0	17.5	23.4
16：1	0.4	0.4
17：0	—	—
18：0	14.4	11.7
18：1	66.1	62.0
18：2	0.4	1.1
18：3	—	—
20：0	0.4	—
ヨウ素価	57.8	55.8
トランス数（%）	45.2	—
ワイリー融点[2]（℃）	38.3	36.8
固体脂指数		
11.1℃（50°F）	73.4	77.0
21.1（70）	63.6	70.3
26.7（80）	56.0	63.2
33.5（92）	26.2	27.3
37.8（100）	4.5	0.0
43.4（110）	0.0	0.0

1)，2) および文献は表 3.13 に同じ．

に対する固体脂指数の変化率の大きい硬化油が得られる（表3.14のNo.1）．さらにハードバターとして性質を向上させるために，溶剤により分別した製品を表3.16に示した．これらは綿実油と大豆油の硬化油を分別したものであり，いずれもラウリン型に比べてカカオ脂との混和性が良く，ベーカリー製品のコーティングに向いている．また，用いられる原料は，上述の綿実油や大豆油以外にパーム油の低融点部やコメ油が用いられることが多い．この型のハードバターは一般に凝固の際に収縮性が少なく，スナップ性が劣っているが，テンパリングが不要なこと，加水分解による発臭がないこと，原料入手に制約がなく比較的価格が安いことなどの利点がある．しかし，近年のトランス脂肪酸の栄養健康問題から，わが国においてもその使用量は減少している．

なおこのほかに，いずれにも分類しにくい製品もあるが，現状では上記の3部類に属する型が，その得失に従って広く用いられている．

3.8 硬　化　油

先に「2.3.1　水素添加」の項で述べたように，油脂の二重結合部分に水素を添加し飽和結合化したものを硬化油と呼ぶ．食用硬化油としては，融点の調整が容易にでき結晶性にも優れるため，マーガリンやショートニングなどの安定性や可塑性の面から部分水素添加油が多く使用されてきた．しかし，部分水素添加油は副生成物としてトランス脂肪酸を多く含有するため，近年では完全水素添加油やエステル交換油が主に使用されるようになっている．

工業用硬化油としては，界面活性剤やセッケンの原料，滑材などに使用されている．

食用の極度硬化油はフレークスともいい，キャンデーのコーティングや，ショートニング，マーガリンに微量添加することで稠度を改良し，クリーミング性の向上を図る．ヤシ油およびパーム核油の極度硬化油の融点はそれぞれ約35℃，42℃であり，製菓用として広い範囲にわたって用いられている．

(1) 原料油脂

現在わが国で用いられている主な原料は，動物油脂として牛脂，魚油，植物油脂としてヤシ油，パーム核油，パーム油，大豆油，ナタネ油，綿実油，コメ油，ヒマシ油などである．このうちヒマシ油は工業用のみである．

(2) 食用硬化油の生産量

国内の食用硬化油の生産量は，2000年（平成12）の38,753トンをピークに横ばいとなり，2006年（平成18）からは減少に転じた(図3.11)．これは，デンマークやアメリカの一部の州，カナダなど

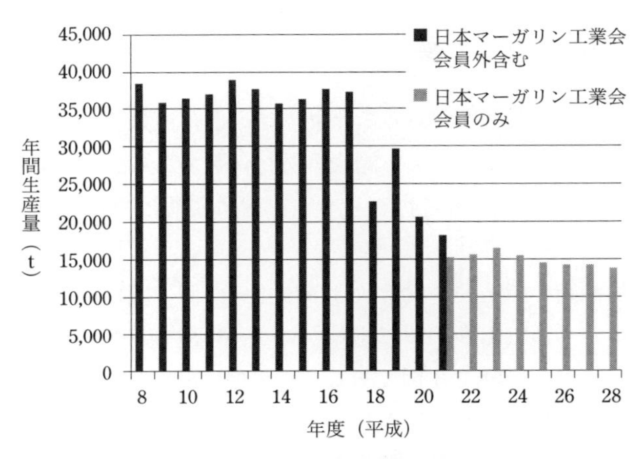

図3.11　国内の食用硬化油生産量の推移
(日本マーガリン工業会「食用加工油脂生産量統計」)

表 3.17 工業用硬化油の JIS 規格（JIS K3331:2009）

項目	1号	2号
酸価	5 以下	5 以下
けん化価	175～200	175～200
ヨウ素価	3 以下	50 以下
融点 ℃	57 以上	57 以下
色数（ガードナー）	3 以下	5 以下

において 2003 年（平成 15）頃からトランス脂肪酸の規制が始まった影響を受けたものと考えられる.

(3) 規　格

食用硬化油については公的な規格はなく，融点とヨウ素価で管理されている.

また，工業用硬化油については，「JIS K3331:2009 工業用硬化油・脂肪酸」が規定されている（表 3.17）.

3.9 脂　肪　酸

油脂を加水分解して得られる脂肪酸は一般に直鎖状で，カルボキシル基 1 個をその端にもち，総炭素数は偶数である．これらの脂肪酸は，大別すると飽和脂肪酸と不飽和脂肪酸酸に分類される（1.1 参照）.

動植物油脂の脂肪酸の炭素数はほぼ 4～24 個の間にあり，12～18 個のものがもっとも多い．二重結合は 1～6 個の範囲，通常は 1～3 個で，アラキドン酸で 4 個である．その他，5 個のエイコサペンタエン酸，6 個のドコサヘキサエン酸など，高度不飽和脂肪酸は海産動物油に見られる．一方，脂肪酸を石油原料から合成する方法もあり，***n***-パラフィンを原料とする酸化法などいくつかあるが，広くは行われていない．

脂肪酸は後に述べるように，各種の処理および加工工程によって製造されるが，用途によって種々の品種がある．脂肪酸およびその誘導体は，ゴム用，樹脂用をはじめ，セッケン原料，各種の塗料および界面活性剤原料として広範な用途がある．

3.9.1　脂肪酸の原料油脂

油脂はすべて脂肪酸の原料となるが，飽和脂肪酸ではラウリン酸（C_{12}）を中心とするカプロン酸（C_6），カプリル酸（C_8），カプリン酸（C_{10}），ミリスチン酸（C_{14}）などの酸はヤシ油またはパーム核油を原料とし，パルミチン酸（C_{16}），ステアリン酸（C_{18}）は主にパーム油および牛脂から製造する．

不飽和脂肪酸のうち，オレイン酸はパーム油，オリーブ油，豚脂，牛脂などに広く含まれているが，工業的にはパーム油および牛脂脂肪酸から分別されるものが多い．

主として塗料用に使われ，リノール酸を主成分とする不飽和脂肪酸は，大豆油，綿実油，コメ油，アマニ油などから製造する．また，同じく塗料用を主用途とするリシノール酸はヒマシ油中に85～95％含まれ，これは9，10の炭素が二重結合，12に水酸基のある，炭素数18の特殊な脂肪酸である．

原料のうち，特に米国から輸入される牛脂類は，取引上の規格がタイター（混合脂肪酸の凝固点）については最低値，遊離脂肪酸（FFA），色相（FACカラー），水分・夾雑物（M&I）・不けん化物（MIU）はいずれも最高値によって決められている．よく使われる品種として，牛脂を主成分とする良質のものから順に，エキストラ・ファンシー，ブリーチャブル・ファンシーがあり，これらのタイターはいずれも40℃以上である．タイターが40℃以下のものはグリースと呼ばれて，これには豚脂も混合されている．

また，パーム油についても取引上の規格が設定されており，項目としては，遊離脂肪酸，水分・夾雑物，ヨウ素価，融点，色相について，それぞれ最高値が決められている．

3.9.2 脂肪酸の製法

既に「2.3.3 加水分解」「2.3.4 分別」において脂肪酸製造の要点を述べたが，ここでは精製および加工工程を整理し，不足の点を補足する．

通常の脂肪酸製造の工程は，図 3.12 のようになる．

(1) 前 処 理

油脂を加水分解して品質の良い脂肪酸およびグリセリンを得るために，前処理として精製を行うが，これには水分，夾雑物を除くための遠心分離や活性白土による吸着処理が通常行われる．特に，高酸価あるいは品質の低い原料を用いる場合や，品質の高い脂肪酸製品を目的とするときは，リン酸や硫酸などによる酸処理や脱酸に準ずるアルカリ処理を施す．動物系か植物系かなどの原料および製品の品質に応じて，これらの方法を単独か組み合わせて行う．

(2) 水素添加

油脂の水素添加の目的については 2.3.1 項で述べたが，脂肪酸の製造における水素添加の目的も同じように，不飽和油脂原料から固体酸の原料を作ること，製品の色，においを改良することである．したがって，水素添加は精製の一手段ともなる．

目的によってはリノレン酸あるいはリノール酸を減らして，安定性の高い不飽和脂肪酸を効率よく製造するために，原料油脂を選択的に部分水素添加する場合がある．しかし，この際に生成するトランス脂肪酸は脂肪酸のタイターを高くするため，この生成を抑制す

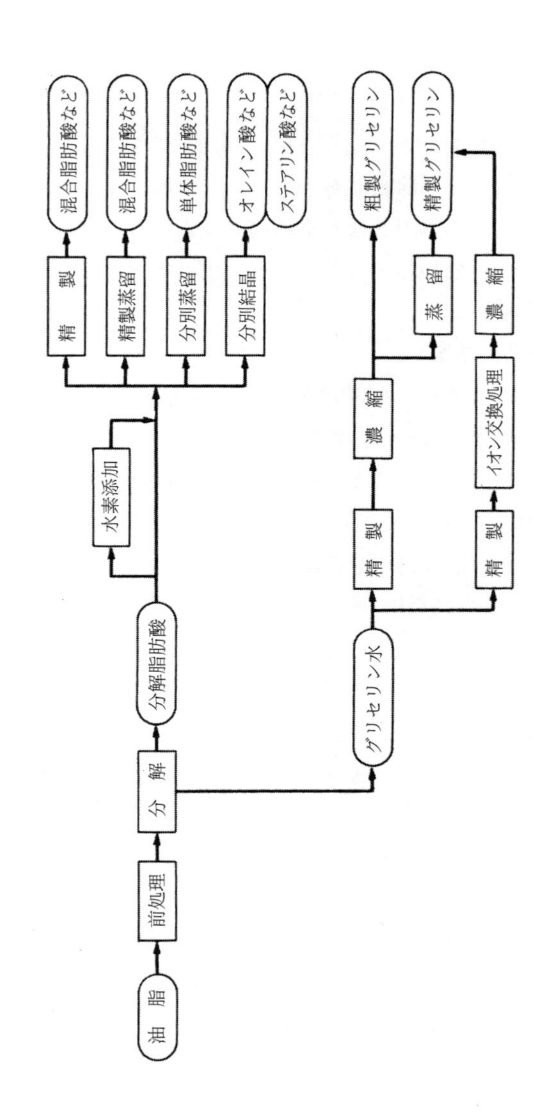

図 3.12 脂肪酸の製造工程

るような反応条件を選ぶ必要がある．また，硬化油からは触媒金属を除くことが大切である．

(3) 加水分解

油脂の加水分解については，2.3.3 項において詳しく述べた．いかなる場合においても前処理を十分行い，分解中にエマルション生成を促したり，着色原因となる不純物を除去することが，加水分解を順調に進ませ，分解甘水（グリセリン水）の処理を容易にするための必要条件である．

(4) 脂肪酸の精製

加水分解したままの脂肪酸は分解中に着色するものもあるため，加水分解後，吸着あるいは蒸留によって精製し，色，においを良くし，不純物の除去を行うことが多い．加水分解後の水素添加は効果的な精製の手段である．

通常，脱色には活性白土を使用する．場合により，活性炭を併用するが，詳しくは 2.2 節において述べられている条件に準ずればよい．

蒸留による精製については 2.3.4 項ですでに述べたが，蒸留法は吸着法より精製度が高い．なお，分別蒸留によっても，単体脂肪酸から不純物を除くことができる．

(5) 分　　別

分別法については，2.3.4 項で種々の方法を述べ，牛脂脂肪酸からオレイン酸，ステアリン酸を無溶剤でウインタリング圧搾分別する方法，溶剤分別法，乳化分別法などの具体的な例を示した．このうち液―液抽出は，オレイン酸とリノール酸の分離にも使われ，また分別蒸留は炭素数の異なる脂肪酸の分離にもっとも広く実際されている分別法である．

(6) 成　　形

特に固体脂肪酸は，その用途に応じて扱いやすくするために，クーリングドラムなどに流してフレーク状にしたり，噴霧塔によって冷却粒化する場合などがある．

3.9.3 脂肪酸の品種

脂肪酸の分類は，経済産業省統計においては工業用ステアリン酸（極度品，普通品）と精製脂肪酸としてステアリン酸，オレイン酸，ラウリン酸，その他脂肪酸に分かれている．

原料と，それから製造される脂肪酸の種類については，3.8.1 項において述べた．

市販の各種脂肪酸には，その用途と経済性に応じて，各種の混合脂肪酸および単体脂肪酸がある．脂肪酸の日本工業規格（JIS）を表 3.18 に示す．特殊な脂肪酸として，ヤシ油またはパーム核油の低留部より分取されるカプリル酸（C_8），カプリン酸（C_{10}）は，特に中鎖脂肪酸ともいわれている．

公定規格としては，JIS のほかに日本薬局方，医薬部外品原料規格などがある．それぞれの規格は用途に応じて規格項目に差がある．JIS の規格項目を表 3.18 に示したが，他の規格においては，色相，におい，味などの官能評価，溶剤に対する溶解性などが加わっている．その他，残りのエステル量を示すエステル価などがある．

製品の形態としては，常温で液状または半固形の脂肪酸は耐食性の材質の容器を用い，ほぼ 40℃以上の融点のラウリン酸，50℃以上のステアリン酸などの固体酸は固体として缶詰めされるほか，用途によっては粒状，フレーク，粉末などで供給される．

表 3.18 脂肪酸の日本工業規格（JIS K3331-2009）

工業用脂肪酸

試験項目	1号	2号
中和価	195～212	254～277
けん化価	197～214	258～280
ヨウ素価	40～75	5～13
融点℃	25～50	21～27
色数ガードナー	8 以下	6 以下

工業用ステアリン酸

試験項目	1号	2号	3号
中和価	195～215	186～210	177～210
けん化価	197～217	190～215	182～215
ヨウ素価	2 以下	10 以下	10 以下
融点℃	57 以上	52 以上	50 以上
色数ハーゼン	200 以下	―	―
色数ガードナー	―	10 以下	15 以下

工業用オレイン酸

試験項目	1号	2号	3号
中和価	188～206	188～206	188～206
けん化価	190～208	190～208	190～208
ヨウ素価	81～95	81～97	90～182
タイター℃	9 以下	12 以下	―
色数ハーゼン	300 以下	―	300 以下
色数ガードナー	―	12 以下	3 以下

単体脂肪酸

試験項目	カプリル酸	カプリン酸	ラウリン酸	ミリスチン酸	パルミチン酸	ステアリン酸	ベヘン酸
中和価	382～392	318～328	275～285	240～250	214～224	192～206	160～172
ヨウ素価	1 以下	1 以下	1 以下	1 以下	1 以下	2 以下	3 以下
タイター℃	12～18	29～33	41～45	50～55	58～63	63～69	74～79
含量％	95 以上	95 以上	95 以上	95 以上	95 以上	90 以上	80 以上
色数ハーゼン	150 以下	150 以下	120 以下	120 以下	120 以下	120 以下	120 以下

3.9.4 脂肪酸の用途

脂肪酸はそのまま混合原料あるいは添加剤として使われる場合と，反応の中間原料として使われる場合がある．両者を含めてその用途範囲はセッケン，界面活性剤，合成樹脂，ゴム，塗料，繊維，グリース，医薬，化粧品，ろうそく，クレヨン，ワックス類など，極めて広い分野にわたっている．

中間原料として使われるもののなかには，脂肪酸を出発物として 1～2 段階の反応工程を経て，いわゆる脂肪酸誘導体として，上記および他の分野に応用される化合物がある．その主なものは，エステル類，酸アミド・ニトリル・アミンなどの窒素誘導体，ハロゲン化合物，ダイマー，有機過酸化物，二塩基酸などであり，その他にも種類は多い．セッケン，界面活性剤，高級アルコールも脂肪酸誘導体に属するが，それらについては他の項で述べる．ここでは脂肪酸およびその誘導体を中心に，その代表的な用途について説明する．

(1) 脂 肪 酸

そのまま使われる用途として，工業用ステアリン酸はゴムの加工に広く用いられている．この場合，脂肪酸は亜鉛華（酸化亜鉛）と併用すると金属セッケンとなり，ゴムの加硫を促進するとみられている．また，ステアリン酸はゴム生地に可塑性を与えて，加工性を向上させる．また，ゴムや樹脂をロールにかける際の滑剤，成形の際の離型剤としても使用する．以上は天然ゴム，合成ゴムとともにほぼ同様であるが，合成ゴムの場合にはブタジエンとスチレン，あるいはブタジエンとアクリロニトリルを重合させる際に，オレイン酸，パルミチン酸，ステアリン酸またはこれらの混合物のナトリウムあるいはカリウムセッケンを乳化剤として用いる．

化粧品用ステアリン酸といわれる製品は淡色でにおいがなく，安定で刺激性がないことが望まれるが，その結晶性も重要である．その用途によってはパルミチン酸の比率を20〜50％とし，配合物の共融現象と結晶性を利用してクリーム類の稠度，光沢を調節できるようにしたものがあり，口紅，白粉，軟膏基剤などに用いられる．

クレヨン，ろうそくなどには脱色，あるいは蒸留した淡色のステアリン酸が適している．また，ステアリン酸はワックス，研磨剤の配合用としての用途もある．反応の中間体としては，塗料，特にアルキド樹脂塗料，エポキシ樹脂塗料などの変性剤として各種の飽和・不飽和脂肪酸が用いられる．飽和脂肪酸ではカプリン酸（C_{10}），ラウリン酸（C_{12}），混合あるいは不飽和脂肪酸ではヤシ油，アマニ油，大豆油，サフラワー油，コメ油，トール油，脱水ヒマシ油などの脂肪酸が使用される．

アルキド樹脂における代表的な用途例は，無水フタル酸，ペンタエリスリトール，大豆油脂肪酸の加熱によるポリエステル化である．この場合，脂肪酸は良質な塗膜形成要素として働いている．エポキシ樹脂，合成乾性油にも上記の脂肪酸が用いられる．

このように脂肪酸の種類，配合量によって樹脂の性質が変わるので，用途によって選ぶ必要がある．

(2) 脂肪酸誘導体

a. エステル

エステルの一般的な製造法については，2.3.2項で説明した．また，エステル型非イオン界面活性剤の説明は別項で述べる．

各種脂肪酸の低級アルコールエステルのうち，工業的に重要なものはメチルエステルである．これは，トリグリセライドからカセイソーダを触媒とするメタノリシスで容易に製造することができる．また脂肪酸は，過剰のメタノールと*p*-トルエンスルホン酸のような酸性触媒と煮沸することにより，直接エステル化することができる．

脂肪酸エステルの用途として，メチルエステルは脂肪酸多価アルコールエステル，高級アルコールの還元用および脂肪酸アルキロールアミドなどの合成用の中間体として広く用いられる．近年ではバイオディーゼルとしての利用も進んでいる．また，低級脂肪酸のメチルエステル，エチルエステルは，香料，溶剤に用いられる．

ミリスチン酸イソプロピル（IPM）は無色透明の液体で，皮膚に対して浸透性があり，各種油性物質，色素，香料などとの相溶性もあるので，過脂肪剤，粘度低下剤として，クリーム類，口紅，髪油などの化粧品に用いられている．

オレイン酸，大豆油脂肪酸，トール油脂肪酸のような不飽和脂肪酸のブチルエステル，オクチルエステルなどのモノエステル系のエポキシ化物は，主として塩化ビニル樹脂の可塑剤として用いられる．これは，不飽和脂肪酸の二重結合を，過酸化水素，ギ酸，微量の硫酸により酸化し，エポキシ化（>C—C< の間をOで橋かけ）したものである．これらは，塩化ビニル樹脂との相溶性が良く，低温で柔軟効果があり，かつ安定剤として優れている．同様の目的として，エポキシ化大豆油のようなグリセライド型も用いられる．また，脂肪酸ビニルエステルを共重合の形で合成樹脂内に組み込み，内部可塑剤とする試みがあったが，2次加工法が進んだ現在ではほとんど行われていない．

特殊なトリグリセライドとしては，トリカプリリン（$C_8C_8C_8$），トリカプリン（$C_{10}C_{10}C_{10}$）あるいはこの混合トリグリセライドがある．これらはヤシ油あるいはパーム核油より，いわゆる中鎖脂肪酸を分留して，グリセリンと直接エステル化することによって製造される．これらは中鎖脂肪酸トリグリセライド（MCT，medium chain triglyceride）といわれており，油脂でありながら糖質のような消化吸収経路をとる．すなわち，長鎖脂肪酸が小腸から吸収されたのちリンパ管経路で体内循環するのに対し，中鎖脂肪酸は糖と同様に，門脈経路で小腸から肝臓へ流れ込む．そのため，脂質代謝障害のある患者の栄養源として重要な役割を担っている．また，MCT は飼料や香料の溶剤にも用いられている．

b. 酸アミド，ニトリル，アミン

酸アミド：酸アミドには，第一アミド（$RCONH_2$），第二アミド［$(RCO)_2NH$］，第三アミド［$(RCO)_3N$］の 3 種類がある．工業的には，次のように脂肪酸にアンモニアガスを通じて製造される．

$$\underset{\text{脂肪酸}}{RCOOH} + \underset{\text{アンモニア}}{NH_3} \longrightarrow \underset{\text{第一アミド}}{RCONH_2} + \underset{\text{水}}{H_2O}$$

この反応は 160～200℃でよく進み，12 時間で 85～90％の収率となる．この場合の脱水触媒としてはシリカゲルが適している．

第一アミドを酸または酸無水物と加熱すると，200℃で第二，第三アミドが逐次得られる．

酸アミドは通常，結晶性の固体で，中性か，極めて弱い塩基性を示す．

$$\underset{\text{第一アミド}}{RCONH_2} + \underset{\text{酸無水物}}{(RCO)_2O} \longrightarrow \underset{\text{第二アミド}}{(RCO)_2NH} + \underset{\text{脂肪酸}}{RCOOH}$$

酸アミドの用途としては，界面活性剤の中間原料として重要である．また，ポリアミンの脂肪酸アミドも種々の繊維用油剤の中間原料となる．

ステアリン酸およびオレイン酸のモノアミド，ビスアミドは，合成樹脂の加工における離型剤，滑剤，ブロッキング防止剤などに用いられる．

ダイマー酸とポリアミンから得られるポリアミド樹脂は，エポキシ樹脂の架橋剤として使われる．このほかに接着剤，塗料，印刷インキ，紙のコーティングなど，広い用途がある．

高級脂肪酸またはそのエポキシ化物の2置換アミドは，塩化ビニル樹脂の可塑剤である．

低級アミノ酸の高級脂肪酸アミド，例えばN-ラウロイルザルコシンには殺菌力がある．

メチロールステアロアミド（$C_{17}H_{36}CONHCH_2OH$）は，セルロースの水酸基と結合して防水加工剤の原料となる．

エタノールアミンから誘導される脂肪酸アミドは，洗剤の泡改良剤である．

ニトリル：ニトリルの一般的製造法は酸アミドの場合と同じく，脂肪酸にアンモニアを300℃付近で吹き込む方法である．まず酸アミドが生成し（i），次にこれが分解してニトリルとなる（ii）．反応温度が高いので，水は直ちにガス化して，（ii）の反応が進む．脱水触媒としては，シリカゲル，アルミナがあり，コバルトセッケンもよいといわれる．

$$\underset{\text{脂肪酸}}{RCOOH} + \underset{\text{アンモニア}}{NH_3} \longrightarrow \underset{\text{第一アミド}}{RCONH_2} + \underset{\text{水}}{H_2O} \qquad (i)$$

$$\underset{\text{第一アミド}}{RCONH_2} \longrightarrow \underset{\text{ニトリル}}{RCN} + \underset{\text{水}}{H_2O} \qquad (ii)$$

ニトリルは中性で，炭素数の多いものではラウロニトリル（C_{12}）までは液状である．一般に不快臭が強い．

ニトリルの用途としては，還元してアミンを製造する中間原料として重要である．また各種ポリマーの共重合物，合成ゴムの可塑剤，潤滑油の油性増強剤，浮遊選鉱剤などに使われる．

アミン：アミンの製法には，窒素化合物の還元，アンモニアおよびその誘導体のアルキル化，転移反応による方法などがある．工業的に重要なのは，ニッケル触媒による接触還元である．

$$\underset{\text{ニトリル}}{R-C\equiv N} \xrightarrow{H_2} \underset{\text{アルドイミン}}{R-CH=NH} \xrightarrow{H_2} \underset{\text{第一アミン}}{R-CH_2NH_2}$$

高級ニトリルを，ラネーニッケルで150℃，水素圧約14 kg/cm^2 で還元すると，第一アミンが得られる．還元温度が低いほど第一アミンができやすく，アンモニアあるいはアルカリを添加すると，第二，第三アミンの副生が抑えられて，第一アミンの収量が上がる．

第二アミンの製造法も数多くあるが，ニトリルを200〜250℃で水素接触還元すると第二アミンが得られる．

第一アミンをニッケル触媒と加熱してもよい．

$$\underset{\text{ニトリル}}{2R-C\equiv N} \xrightarrow{4H_2} \underset{\text{第二アミン}}{\begin{matrix} RCH_2 \\ RCH_2 \end{matrix}\!\!>\!NH} + \underset{\text{アンモニア}}{NH_3}$$

第三アミンの製造法も種々あるが，現在の主流は，金属触媒を用いて高級アルコールとジメチルアミンを直接アミノ化する方法となっている．その他，第一アミンをホルマリンとギ酸によって反応させる方法（ロイカルト反応）（次頁上）や，高級アルコールよりアルキルクロライド（RCl）とし，これをカセイソーダの存在下で，ジメチルアミン［$(CH_3)_2NH$］と反応させて製造する方法がある．

$$RNH_2 + 2HCHO + 2HCOOH \longrightarrow RN\begin{matrix} CH_3 \\ CH_3 \end{matrix} + 2H_2O + 2CO_2$$

第一アミン　ホルマリン　ギ　酸　　第三アミン　水　炭酸ガス

低級第一アミンは気体または液体であり，ラウリル（C_{12}）以上で固体，第二アミンではカプリル（C_{10}）以上が固体である．高級アルキル基のものほどにおいは弱くなり，低級のものはアンモニア臭ないし魚油臭がある．また，アミンは塩基性を示す．

アミン類の用途としては，各種の界面活性剤，特に陽イオン，非イオン，両イオン界面活性剤の中間原料として用いられることが多い．繊維，殺菌，消毒などへの用途に関しては，「3.12　界面活性剤」の項で述べる．

そのほかにアルキルトリメチレンジアミン，トリアミンはアスファルト乳化剤として，ポリオキシエチレンアルキルアミンはアスファルト剥離防止剤として用いられる．

アミン酢酸塩は浮遊選鉱剤として，アミンやアミン塩酸塩および酢酸塩は塩化アンモン，硫酸アンモンなどの肥料の固結防止剤に用いられている．

アミンはマイナスに帯電している金属表面に保護フィルムを形成するので，防錆剤に用いられる．また，アミンは顔料の油中分散，アミン酢酸塩は顔料フラッシングに有用である．

c.　脂肪酸塩化物（脂肪酸クロライド）

脂肪酸の水酸基を塩素で置換するには三塩化リンがよく使われ，次のように反応する．

$$3RCOOH \ + \ PCl_3 \longrightarrow 3RCOCl \ + \ H_2PO_3$$

脂肪酸　三塩化リン　脂肪酸クロライド　亜リン酸

脂肪酸塩化物の用途は，脂肪酸誘導体，例えばエステル，酸無水物，アミド，アルキルケテンダイマーなどの製造の中間体として重要である．

d. その他

脂肪酸から誘導される過酸化物のうち，ジアシルパーオキサイド $\left(\begin{matrix}RC(=O)OOC(=O)R\end{matrix}\right)$ は，種々の反応の触媒として用いられる．例えば，ジオクタノイル（C_8）あるいはジラウロイル（C_{12}）パーオキサイドは，塩化ビニル，アクリレートなどの重合触媒となる．また，C_8～C_{12} 脂肪族アルデヒドは香料に，高級脂肪酸のケトンはワックスに用いられる．

脂肪酸クロライドと第三アミンより高級アルキルケテンダイマーができるが，このうち，例えばオクタデシルケテンダイマーは紙のサイズ剤（紙への水やインクのにじみを防ぎ，紙に耐水性を付与する薬剤）に用いられる．

脂肪酸の二重結合部分を酸化剤によって開裂すると，二塩基酸が生成する．例えば，オレイン酸を酸化すると二塩基酸のアゼライン酸（$HOOC(CH_2)_7COOH$）)，一塩基酸のノニル酸（C_9）が生成する．このノニル酸を還元するとアルコールとなり，アゼライン酸とともに可塑剤原料となる．

3.10 グリセリン

グリセリンは3価のアルコールである．純粋なものは無色透明の粘稠な液体で，吸湿性に富み，特有の甘味がある．

グリセリンは，油脂を加水分解，あるいはメタノリシスなどのエステル交換によって得られる．通常の油脂では約10%，ヤシ油やパーム核油においては約13%のグリセリンを含有する．

粗製グリセリンは，油脂を加水分解して得られる希薄なグリセリン水（甘水）からと，セッケン製造の際に副生するセッケン廃液から得られる．JISでは前者を分解グリセリン，後者を副生グリセリンと呼んでいる．これをさらに精製，濃縮して，ダイナマイト用グリセリン，精製グリセリンを得る．

グリセリンには種々の規格があるが，化学工業用の中間体，化粧品，医薬，食品などに広く使われる．

3.10.1 グリセリンの製法

既に述べたように，工業的な加水分解法には高圧連続法などがあるが，発生する甘水はそれぞれの加水分解法によって不純物が異なり，したがって精製法にも差がある．ただし，高純度の品質の良いグリセリンを得るためには，いずれの場合も精製，濃縮，蒸留を行わなければならない．

(1) 精　　製

高圧連続法の甘水は，通常グリセリンを6〜15％含む．不純物としては油脂，脂肪酸，ガム質，タンパク質，さらに加水分解に触媒を用いた場合は金属セッケンなどであり，原料油脂の品質に大きく左右される．精製には種々の方法が考えられているが，次に一例を示す．

甘水が乳化している場合には，硫酸バンド（硫酸アルミニウム）でエマルションを分解し，あとの処理を容易にする．さらに，これによって分離した脂肪酸を中和するために消石灰を加え，生成したカルシウムセッケンを沪別する．過剰の石灰はソーダ灰を加えて析出させ除去し，さらに沪過して精製甘水とする．

ヤシ油や良質の牛脂の加水分解で生成した甘水は，タンパク質の混入が少ないので，イオン交換樹脂によって精製し無機塩類を除いて，これを蒸留せずに濃縮するだけで高品質のグリセリンが得られるようになった．この方法は，まず分解甘水からできるだけ脂肪酸類を分離して除き，除ききれないものはさらに消石灰により中和し，活性炭で吸着沪過し，残りの無機塩類を酸性，塩基性，混床式の順序でイオン交換樹脂により除去し，最終製品にまで濃縮する．

セッケン廃液は通常4〜8％のグリセリンを含む．不純物としては，塩析に用いた食塩などの無機塩，遊離のカセイソーダ，少量のセッケン，有機質などがある．これらの不純物を除去するには，セッケンは硫酸バンドでアルミニウム塩にし，過剰の硫酸バンドはカセイソーダで水酸化アルミニウムにして不溶性にする．さらに硫酸あるいは塩酸を加えて過剰のアルカリを中和し，沪過する．

(2) 濃　縮

濃縮は真空で行う．蒸発缶は下部にカランドリア（加熱管群）を備え，熱効率を上げるために発生した蒸気を併立する次の蒸発缶の加熱に使う．セッケン廃液の場合には多量の食塩を含み，濃縮中にこれが析出して熱効率を下げる．そのため，蒸発缶の底部に食塩分離器を特に備え，析出して沈降する食塩を捕集する．その場合，いったん40〜50％の濃度で中断し，取り出して食塩類を析出分離した後，上澄み液を再濃縮した方が有効である．

この濃縮によって得られたものが粗製グリセリンで，JIS規格ではグリセリン分が分解グリセリンで88.0％以上，副生グリセリンで80.0％以上となっている．

イオン交換法で無機塩を除いた精製甘水は，濃縮を進めて98.5％にする．

(3) 蒸　留

グリセリンの沸点は常圧で290℃である．かつては常圧蒸留法も行われたが，現在では25 mmHg以下の減圧で行われるので沸点が低下し，熱分解が起こらず，収量，品質ともに良好なものが得られる．油脂をメタノリシスする際に遊離するグリセリンは，濃度は高いが，溶解している触媒の中和，混入メタノール留去などの処理が必要である．このあとの工程は上記に準ずる．

以上の天然グリセリンのほかに，プロピレンを出発原料とする塩素化法および酸化法による合成グリセリンがあるものの，現在ではほとんどが天然グリセリンとなっている．

3.10.2　グリセリンの品種

グリセリンの種類は，経済産業省統計において粗製グリセリン(80%)，精製グリセリン（98.5%）の2種に分類されている．純度および用途に応じた規格項目，および試験法を規定した公定規格には，JIS，食品添加物公定書，日本薬局方，化粧品原料基準などがある．参考のために，工業用グリセリンのJIS規格を表3.19に示す．

他の公定規格は，用途に応じて規格項目を定めている．それらのグリセリン濃度と，特に特徴があると見られる規定項目をあげると，次のようである．

食添グリセリン　95%以上

局方グリセリン　84～87%

局方濃グリセリン　98%以上

化粧品用グリセリン　84～87%，95%以上を濃グリセリン

これらは石油缶（22 kg）やドラム（250 kg）の荷姿で取引されている．

3.10.3　グリセリンの用途

グリセリンはその特性を生かして，そのまま用いられる場合と，化学反応を経て多価アルコール原料の1つとして用いられる場合

表 3.19 工業用グリセリンの日本工業規格（JIS K 3351-2009）

〈精製グリセリン〉

試 験 項 目	1号（精製グリセリン）	2号（ダイナマイト用グリセリン）
性　　状	無色透明で，ほとんどにおいのない粘性のある液体	無色透明で，粘性のある液体
色　　数 ハーゼン単位	20 以下	30 以下
酸度またはアルカリ度 mmol/100g	0.3 以下	0.3 以下
密度（20℃）	1.257 以上	1.257 以上
グリセリン分 %	98.8 以上	98.5 以上
強熱残分（硫酸塩）%	0.05 以下	0.05 以下
けん化当量 mmol/100g	3.0 以下	3.0 以下
還元性物質試験	合　格	合　格
塩化物試験	—	合　格
硝化および分離試験[1]（参考）	—	合　格

注 1） 硝化および分離試験は当事者間の協定によって行う．

〈粗製グリセリン〉

試験項目	1号（分解グリセリン）	2号（副生グリセリン）
性　　状	黄色又は濃い茶色の粘性のある液体	黄色又は濃い茶色の粘性のある液体
液　　性	中性又は微アルカリ性	中性又は微アルカリ性
グリセリン分 %	88.0 以上	80.0 以上
灰　　分 %	1.0 以下	10.0 以下
有機性不純分 %	3.0 以下	6.0 以下
ヒ 素 試 験	合　格	合　格

がある．グリセリンは油脂の 1 成分であり，温和な甘味をもち，消化吸収も容易で，皮膚刺激がなく，極めて安定性が高いので，化粧品，歯みがき，セロファン紙，医薬，タバコなどにそのまま用いられる．これらの用途では，グリセリンの増粘性，保湿あるいは吸湿性，香料などの成分の溶解性，凍結防止などの特性を生かしている．グリセリンは沸点が高く，化学的にも安定である．

化学反応の原料としては，アルキド樹脂にもっとも多く用いられる．無水フタル酸のような多塩基酸と反応させるとアルキド樹脂が得られ，接着剤などに用いられる．また，これに乾性油脂肪酸を同時に反応させて混合エステルとし，塗料に用いる．

エステルとしては，脂肪酸との反応によりモノグリセライドが得られるが，通常エステル化よりも油脂にグリセリンを加えてエステル交換する．

JISに規格されているように，3つの水酸基を硝酸でニトロ化すると，三硝酸エステル（ニトログリセリン）が得られる．

$$\begin{array}{l} CH_2OH \\ | \\ CHOH \\ | \\ CH_2OH \end{array} + 3HNO_3 \rightleftarrows \begin{array}{l} CH_2ONO_2 \\ | \\ CHONO_2 \\ | \\ CH_2ONO_2 \end{array} + 3H_2O$$

グリセリン　　硝酸　　ニトログリセリン　　水

ニトログリセリンは爆発しやすく，これをニトロセルロース，硝酸ナトリウム，鋸屑で成形して扱いやすくしたものがダイナマイトである．

このほかにプロピレンオキサイドと反応してポリエーテル・ポリオール，重合してポリグリセリンなど，代表的な多価アルコールとしてインキ，絵具など種々の面に用いられる．

同系の化合物として，エチレングリコールおよびジエチレングリコール，ポリエチレングリコール，プロピレングリコール，ペンタエリスリトール，ソルビトールなどがあり，用途，価格などで競合している．グリセリン，プロピレングリコール，ソルビトールは食品にも使用できる．

3.11 高級アルコール

油脂工業に関連する高級アルコールは，直鎖α位のモノアルコールである．工業的にはほとんどの場合エステルを原料とし，次のような反応を行う．

$$\underset{\text{脂肪酸エステル}}{RCOOR'} + 2H_2 \xrightarrow[\text{触媒}]{} \underset{\text{高級アルコール}}{RCH_2OH} + \underset{\text{アルコール}}{R'OH}$$

この反応は極めて高圧の水素と高温を必要とするので，高圧還元法という．この反応の工業化によって脂肪酸の用途は画期的な広がりをみせ，現在に至る界面活性剤工業の発展の基礎を築いた．

一方，脂肪族高級アルコールは，天然にロウの成分として存在する．また，金属ナトリウムを触媒として油脂，ロウを還元すると，不飽和結合はそのままで脂肪酸成分がすべてアルコールに変わる．この方法を金属ナトリウム還元法という．これらの天然アルコールに対して，石油系の合成アルコールも生産されている．

合成アルコールの主な工業的製造法は，エチレンを原料とするチーグラー法，α-オレフィンを原料とするオキソ法，n-パラフィンを原料とするパラフィン酸化法などがある．これらの高級アルコールは，界面活性剤をはじめ，アルキルクロライドなどの中間原料として広く使われている．

3.11.1 高級アルコールの原料

油脂およびロウはすべて原料にすることができるが，実際に使用されている原料の種類はあまり多くなく，パーム核油とヤシ油が大部分を占める．これは，洗剤用原料として重要なラウリルアルコールの成分となる炭素数 12 の脂肪酸が，ヤシ油，パーム核油のみに含有されるためである.

一方，不飽和アルコールの代表であるオレイルアルコールは，パーム油あるいは牛脂中に含まれるオレイン酸を原料として製造される.

3.11.2　高級アルコールの製造法

すでに述べたように，工業的に重要な方法は，高圧還元法と金属ナトリウム還元法である.

(1)　高圧還元法

高圧還元法は，飽和および不飽和高級アルコール製造法の主流となっている．この方法では，油脂をメタノリシスして得られるメチルエステルを還元するか，加水分解して得られる脂肪酸を原料に，プロセス内で高級アルコールとエステル化した後，還元する．それぞれ，メタノリシスあるいは加水分解の工程でグリセリンが生成する．油脂を直接還元すると，グリセリンはプロピレングリコール，イソおよび *n*-プロピルアルコールにまで変化する.

触媒については数多くの報告があるが，飽和アルコールの場合には銅クロム系，銅亜鉛系が，不飽和アルコールの場合には亜鉛系触媒が用いられる.

脂肪酸のメチルエステルを用いる場合，主反応は次のようである.

$$\underset{\text{脂肪酸メチルエステル}}{RCOOCH_2} + H_2 \xrightarrow[\text{触媒}]{} \underset{\text{高級アルコール}}{RCH_2OH} + \underset{\text{メタノール}}{CH_2OH}$$

反応条件としては，温度 200～300℃，水素圧 50～300 気圧の範囲である．実際の装置にはいくつかのシステムがあり，パーム核油を原料とした場合の製造工程は図 3.13 のようである.

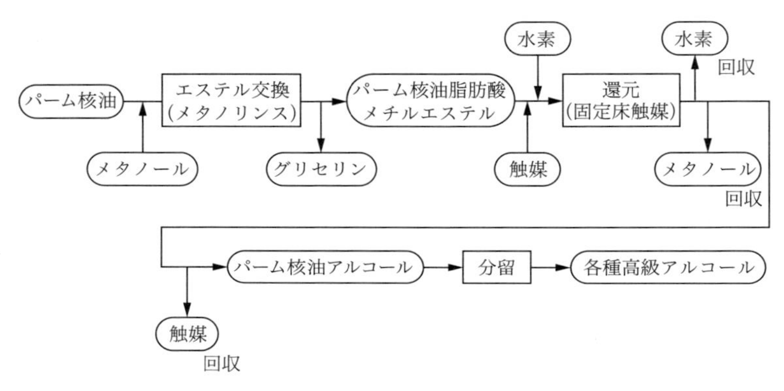

図 3.13 高級アルコール製造工程（パーム核油を原料とした場合）

メタノールや水素は回収利用する．粉末状の触媒を用いる懸濁床反応方式では，使用した触媒は回収して再使用する．近年では，反応塔に成形触媒を充填して使用する固定床反応方式が主流になってきている．

(2) 金属ナトリウム還元法

この方法によると，高圧還元のように高温，高圧を必要とせず装置が比較的簡単ですみ，原料の脂肪酸組成に相当する不飽和アルコールを製造することができる．また，この方法はトルエンに分散した金属ナトリウムを油脂に混合接触させて，高級アルコールとグリセリンに還元するのであるが，反応媒体の還元用アルコールとして，メチルイソブチルカルビノール（MIBC）のような中級第二アルコールの共存が必要である．MIBC は，反応経過で Na とアルコレートをつくる．出発点と終点のみを反応式で表すと，次のようになる．

$$
\begin{array}{l}
CH_2OC(O)R \\
| \\
CHOC(O)R + 4Na + 2CH_3\text{-}\underset{|}{\overset{CH_3}{\overset{|}{C}}}H_2\text{-}CH_2CH(OH)\cdot CH_3 + 4H_2O \longrightarrow \\
| \\
CH_2OC(O)R
\end{array}
$$

油　脂　　メチルイソブチルカルビノール（反応媒体アルコール）

$$
RCH_2OH + \begin{array}{c} CH_2OH \\ | \\ CHOH \\ | \\ CH_2OH \end{array} + 4NaOH + 2CH_3\text{-}\overset{CH_3}{\overset{|}{C}}H_2\text{-}CH_2CH(OH)\cdot CH_3
$$

高級アルコール　グリセリン　メチルイソブチルカルビノール

この際，油脂のRは各種のアルキル基を代表する．

金属ナトリウムを分散させたトルエンに，脱水した油脂と反応媒体アルコールであるMIBCを滴下し混合撹拌する．還元が終わったのち水を加えると，カセイソーダの溶解したグリセリン水がアルコール層から分離する．水層を抜き取り，アルコール，MIBC，トルエンの混合した油層は静置し，硫酸で中和して回収する．油層からはまずMIBC，トルエン，水の混合物を回収し，残った高級アルコールを蒸留する．

MIBCのほかに還元用アルコールの選択が種々試みられているが，金属ナトリウムとの反応性の程度，生成するアルコールの溶解度などにより，第一アルコールよりも第二アルコールのMIBCが使用されている．

3.11.3　高級アルコールの品種

市販の高級アルコールは飽和系が主であり，原料油脂の脂肪酸組成から見て特殊なものは除き，C_8のオクチルアルコールからC_{18}のステアリルアルコールまでが主な範囲である．製品としては炭素数の異なる各種高級アルコール98％以上の純度のものと，各種の混

表 3.20 高級アル

名称	外観（常温）	アルキル組成%								
		C_6	C_8	C_{10}	C_{12}	C_{14}	C_{16}	C_{18}	C_{20}	C_{22}
オクチルアルコール	無色透明液体		98以上							
オクチルアルコール	無色透明液体	5以下	75以上	20以下						
デシルアルコール	無色透明液体（冬期凝固）		2以下	95以上	2以下					
ラウリルアルコール	白色固体（夏期液化）				95以上					
$C_{12\sim14}$アルコール	白色固体（夏期液化）		1以下		70～75	35～30	1以下			
ミリスチルアルコール	白色固体					95以上				
$C_{12\sim16}$アルコール	白色固体（夏期液化）		1以下		34～45	45～55	5～15			
セチルアルコール	白色粒状 白色固体						95以上			
$C_{14\sim18}$アルコール	白色粒状 白色固体				10以下		60～80	16～26		
ステアリルアルコール	白色粒状							95以上		
$C_{16\sim18}$アルコール	白色固体				5以下		30～40	60～70		
ベヘニルアルコール C_{18}, C_{22}	白色固体							7以下		80以上
2-オクチルドデカノール C_{20}	無色透明液体								97以上	
2-ヘキシルデカノール C_{16}	無色透明液体						95以上			

コールの性状の一例

色 (APHA)	ヒドロキシル価	酸価	けん化価	ヨウ素価	融　点 (℃)	水分 (%)	荷　　姿
20 以下	415 以下	0.1 以下	1.0 以下	0.1 以下		0.3 以下	14 kg　缶 170 kg　ドラム
20 以下	390〜410	0.1 以下	2.0 以下	0.1 以下		0.3 以下	14 kg　缶 170 kg　ドラム
20 以下	342〜352	0.1 以下	1.0 以下	0.2 以下		0.1 以下	170 kg　ドラム
20 以下	294〜300	0.1 以下	2.0 以下	0.1 以下	22〜25	0.1 以下	14 kg　缶 170 kg　ドラム
20 以下	283〜293	0.1 以下	2.0 以下	0.2 以下	20〜24	0.1 以下	170 kg　ドラム
20 以下	255〜265	0.1 以下	2.0 以下	0.1 以下	35.5〜39.5	−	14 kg　缶 160 kg　ドラム
20 以下	260〜280	0.1 以下	2.0 以下	0.1 以下	25.5〜29.5	0.1 以下	170 kg　ドラム
20 以下	225〜235	0.2 以下	1.0 以下	1.0 以下	47.5〜51.5	−	20 kg　紙袋 170 kg　ドラム
20 以下	220〜230	0.2 以下	2.0 以下	1.0 以下	46.5〜49.5	−	20 kg　パッキングケース 170 kg　ドラム
20 以下	199〜209	0.2 以下	1.0 以下	1.0 以下	56〜60	−	20 kg　紙袋 170 kg　ドラム
20 以下	202〜222	0.2 以下	2.0 以下	1.0 以下	51.5〜55.5	−	170 kg　ドラム
20 以下	170〜180	0.1 以下	1.0 以下	1.0 以下	67〜73	−	20 kg　紙袋
20 以下	180〜190	0.1 以下	1.0 以下	5.0 以下	−	0.2 以下	14 kg　缶 170 kg　ドラム
20 以下	220〜235	0.2 以下	1.0 以下	5.0 以下	−40 以下	0.2 以下	14 kg　缶 170 kg　ドラム

合物がある．

パーム核油を原料とする場合は，C_{12} のラウリルアルコールが中心で，製品としては，ラウリルアルコールの純度の高いものからヤシ油を還元して低留分だけを除いた混合物，炭素数の少ない C_8～C_{10} のアルコール，炭素数の多い C_{14}～C_{18} のアルコール類など，用途に応じた混合比の製品があり，用途も広い．

不飽和系ではオレイルアルコールがある．この製品としては，純度の比較的高いものとセチルアルコールとの混合物がある．主として牛脂からのオレイン酸を原料としたものであり，高圧還元法によって製造されている．高級アルコールの公定規格は，次のようになっている．

表 3.21 市販高級アルコールの性状の一例

	規格								荷姿
	酸価	けん化価	ヨウ素価	ヒドロキシル価	融点(℃)	曇り点(℃)	水分(%)	色相	
オレイルアルコール	0.5以下	1以下	73/78	205/215		22以下	0.5以下	(G) 2以下	160 kg ドラム 15 kg 缶
	0.5以下	1以下	78/83	205/215		18以下	0.5以下	2以下	
	0.5以下	1以下	84/94	200/210		5以下	0.5以下	2以下	
上欄製品の脱臭品	0.5以下	1以下	82/92	200/210		5以下	0.5以下	(APHA) 60以下	
セチルアルコール	0.5以下	1下	2以下	210/230	50/55	凝固点 45/50		(APHA) 40以下	25kg，20kg パッキングケース
上欄製品の脱臭品	0.5以下	1下	2以下	210/230	50/55	凝固点 45/50		50以下	25kg パッキングケース

分析は JIS K8004.
色相の（G）は Gardner 法，（APHA）は American Public Health Association 法.

オクチルアルコール	JIS K 1525, K8213
ラウリルアルコール	JIS K 8927，医薬部外品原料規格
セチルアルコール	JIS K 8596，日本薬局方，医薬部外品原料規格
ステアリルアルコール	JIS K 8584，日本薬局方，医薬部外品原料規格

高級アルコールの市販品の主な性状と組成を表 3.20，表 3.21 に示す．

製品の形態および荷姿については，ラウリルアルコールを主成分とするもの，またはこれ以外の低融点のアルコールはいずれも石油缶，ドラムなどに入れる．セチルアルコール（C_{16}）以上の融点の高い製品はフレークまたは粒状にして使いやすくし，紙袋，パッキングケース，ファイバードラムなどに充填する．

3.11.4　高級アルコールの用途

高級アルコールは脂肪酸と同様，そのまま配合原料や添加剤として使われる場合と，何らかの化学反応を経て誘導体として使われる場合がある．誘導体のうち，界面活性剤の分野への応用は，硫酸塩をはじめ，陰イオン，非イオン，陽イオン，両イオン界面活性剤のいずれの種類にもわたっており，高級アルコール系は皮膚刺激が少なく，安全性の高いことが特色となっている．界面活性剤の詳細については，3.12 節で述べる．

次に，界面活性剤以外の代表的な用途について説明する．

(1)　高級アルコール

炭素数の低い C_8 オクチルアルコールは，抄紙，捺染の際の消泡剤として用いられる．また，C_{10} 以下のものは，ラッカー，ワニス製造用の溶剤に適している．高級アルコールの用途を炭素数別に示すと，以下のようである．

C_{12}～C_{14} の範囲……シャンプー，消火剤の泡沫安定剤

C_{12}～C_{16} の範囲……圧延油

C_{14}～C_{18} の範囲……皮膚に対するエモリエント（柔軟化）作用があり，併せて乳化安定の補助，香料の保留，色素の溶解，分散に有効なので，化粧品においてクリーム，乳液，口紅に，また医薬品において，特に C_{16}～C_{18} 高級アルコールは軟膏基剤に用いられる．

このほかに C_{14}～C_{18} の高級アルコールは，合成樹脂加工の滑剤として良好である．また，これらは繊維仕上げ剤に配合され，柔軟，平滑，帯電防止など，可紡性の向上に効果的である．なお，オレイルアルコール（C_{18}）の用途もほぼ同様である．

(2) 高級アルコール誘導体

a. エステル

エステル化の一般的な方法については，すでに 2.3.2 項で述べたが，高級アルコールは各種の有機酸エステルとして，種々の用途がある．

フタル酸の高級アルコールエステルは，塩化ビニル樹脂の可塑剤として重要である．特にジオクチルフタレート，オクチル・デシルフタレート，ブチル・ラウリルフタレートなどは樹脂の加工性を向上させる．また酢酸ビニル樹脂，アクリロニトリル・スチロール樹脂などの内部可塑剤として，高級アルコールのビニルエーテル，アクリル酸，マレイン酸，フマル酸のエステルがあるが，二次加工法が進歩したために現在ではほとんど使用されていない．

特にラウリルおよびミリスチルアルコールのポリメタクリレートは，潤滑油の凝固点降下剤，粘度指数向上剤として良好である．

b.　アルキルクロライド

ハロゲン化アルキルは高級アルコールのヒドロキシル基（$-OH$）がハロゲンに置換したものであり，特に陽イオン界面活性剤，両イオン界面活性剤の中間体として重要であるが，工業的にはクロライドが多い．これは，塩化亜鉛の存在下で塩化水素を用いて塩素化する．反応式は次のようである．

$$\underset{\text{高級アルコール}}{ROH} + \underset{\text{塩化水素}}{HCl} \xrightarrow[]{\substack{ZnCl_2 \\ \text{塩化亜鉛} \\ \text{(触媒)}}} \underset{\text{アルキルクロライド}}{RCl} + \underset{\text{水}}{H_2O}$$

反応後，水洗して，アルキルクロライドを蒸留する．なかでもドデシルクロライドは，陽イオン界面活性剤の中間体として重要である．また，ハロゲンの強い反応性を利用して有機合成のアルキル化剤として，広く用いられる．

c.　含硫黄化合物

ハロゲン化アルキルにチオ尿酸［$(NH_2)_2CS$］をカセイソーダの存在下で反応させると，チオアルコールができる．これはアルコールの酸素原子の代わりに硫黄原子が入ったもので，メルカプタン（チオール，RSH）ともいう．低級なものほど悪臭が強いが，高級メルカプタンはにおいが少ない．これは脂肪族の含硫黄誘導体の合成原料をはじめ，反応中間体として用いられる．

このうち主に C_{12}～C_{14} のアルキルメルカプタンは，合成ゴムをはじめ合成高分子の乳化重合調整剤に用いる．また，高級アルコールの含硫黄誘導体の1つにジアルキルチオジプロピオネートがあるが，これはポリエーテル，ポリプロピレンの効果的な酸化防止剤である．

3.12 界 面 活 性 剤

3.12.1 界面活性剤の性質と種類

(1) 界面活性剤の基本的な特性

界面活性剤の構造は，極性基（親水基）と無極性基（疎水基あるいは親油性基）の２種以上の極性の異なる部分から成り立っている．このような構造は両親媒構造と呼ばれている．界面活性剤は，この両親媒構造に基づき，水または油のような液体に溶け，特に水の表面張力および水と油の間の界面張力を著しく低下させるもので，その代表的な例がセッケンである．

界面活性剤の基本的な特性は，a) 表面（界面）張力の低下，b) 表面（界面）への吸着，c) 表面（界面）における配列と膜の形成，d) ミセルの形成，の 4 つである．

a. 表面張力の低下

図 3.14 のように水をビーカーに入れた場合，水相の内部では水分子の分子凝集力が上下左右に均等に働き平衡を保っているが，容器および空気との界面では水分子は水相の内部に引っ張られ，表面

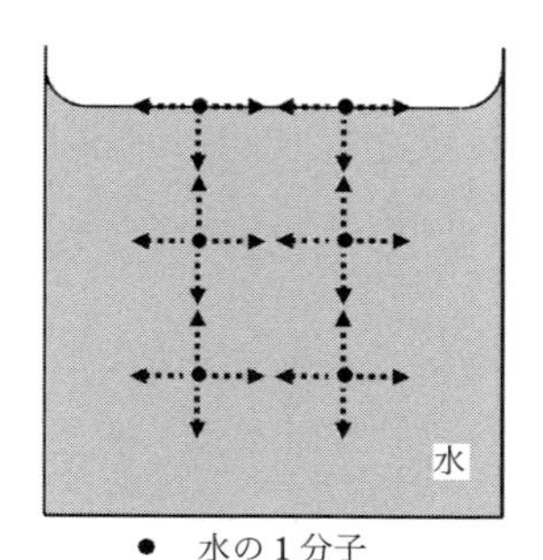

図 3.14 水の表面張力

（または界面）張力が現れる．

純水の表面張力は，20℃で 72.7 mN/m（ミリニュートン毎メートル）である．例えば，この水に界面活性剤の一種ポリオキシエチレンラウリルエーテル［$C_{12}H_{20}O(CH_2CH_2O)_6H$］を 0.1％添加すると，表面張力は約 24 mN/m に低下する．

b.　表面への吸着

水に溶けた界面活性剤は，図 3.16 のように表面（界面）に移行して安定化しようとする．このため，水溶液の内部と表面（界面）の界面活性剤の濃度を比べると，表面（界面）の方が濃くなり，界面活性剤は表面（界面）に吸着していることがわかる．

c.　表面における配列と膜の形成

表面（界面）に吸着した界面活性剤分子は，図 3.15（a）のように配列して膜を形成する．

d.　ミセルの形成

界面活性剤には，後述するようにイオン性のものと非イオン性のものがあるが，水溶液における濃度が低いうちはイオン状あるいは

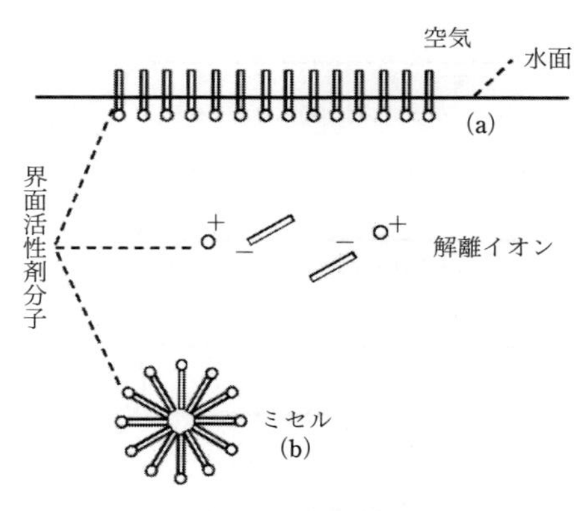

図 3.15　界面活性剤の水溶性

分子状に分散している．この濃度が高くなって分散の限界に達すると，界面活性剤は図 3.15（b）のように数個～100 個前後のイオンまたは分子が会合した集合体（ミセル）をつくる．

このミセルを形成する最低の濃度を臨界ミセル濃度（critical micelle concentration；c.m.c.）と呼び，条件によって異なるが，通常は 10^{-5}～10^{-2} mol/L 程度である．

(2) 界面活性剤の種類

歴史的に最初に登場した界面活性剤がセッケンであり，古くエジプト時代から知られていたといわれている．セッケン分子は，親油性の長鎖アルキル基とその末端カルボキシル基にナトリウムが結合した親水性の部分からなる．1928 年頃，高級アルコールの硫酸エステルのナトリウム塩（アルキル硫酸塩）が発明され，これが従来

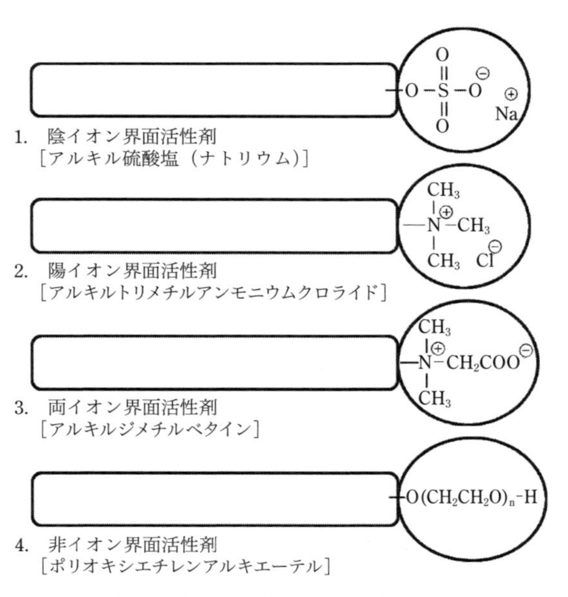

図 3.16 界面活性剤の構造と分類

表 3.22 界面活性剤の種類

種　類	水溶液中での親油性部分の電荷	
陰イオン界面活性剤（アニオン系）		−
陽イオン界面活性剤（カチオン系）		＋
両イオン界面活性剤	等電点において	双イオン（非イオン）
	酸性側	＋
	アルカリ側	−
非イオン界面活性剤（ノニオン系）		非解離

のセッケンの欠点を補う洗剤として画期的なものとなった．

界面活性剤をその構造から分類すると，図 3.16 および表 3.22 のようになる．この分類の範囲では，セッケンも高級アルコール硫酸エステル塩（ナトリウム）も陰イオン界面活性剤である．

(3) 界面活性剤の作用

一般に界面活性剤は低温では溶けにくいが，ある温度から急激に溶解度が大きくなる温度がある．この温度をクラフト点（Krafft point または Krafft temperature）という．この温度における界面活性剤の溶解度が，先に述べた c.m.c.（臨界ミセル濃度）にあたる．

界面活性剤は界面活性化とミセル形成の特性によって，水に溶けにくい油脂やパラフィンを乳化させたり，均質な溶液として可溶化させる作用をもっている．表 3.23 に界面活性剤の代表的な作用とその特性を示した．

HLB（hydrophile lipophile balance）：乳化には水中油型（O/W 型）と油中水型（W/O 型）および複合型などがあるが，この型およびその安定性は，①乳化剤の種類，②機械的条件，③両液体の容積比などによって決まる．

乳化の場合，その目的によってどの界面活性剤を選ぶかの目安として HLB の概念がある．親水性の強い界面活性剤は O/W 型を，

表 3.23 界面活性剤の代表的な作用と特性

作用	内　容	界面活性剤の特性
濡れ	固体表面に接触している気体が液体に置き換えられる現象をいう.	濡れやすさは，液体の接触角で表わし，界面活性剤は濡れやすくし，接触角を小さくする.
分散	微細な粒子が液体または気体中に懸濁して散在することをいう.	界面活性剤は粒子表面に吸着配列して液体に濡れやすくし，電気的二重層を形成して凝集を防ぎ，安定な分散を保つ.
乳化	相互に交じり合わない液体（油と水）の一方を細かく分散させることをいう．混ざり合った状態をエマルション（乳濁液）という.	界面活性剤は界面張力を低下させ，分散粒子界面に吸着配列して電気的二重層を形成し,粒子の凝集を防ぎ，エマルションを安定化する.
可溶化	ある液体に，本来なら溶け込まない物質を透明かつ均一に分散させること.	界面活性剤の c.m.c. 以上の濃度で起こる現象で，界面活性剤のミセル中に溶け込むことによる.
起泡・消泡	気体が液体または固体中に分散するものを気泡といい，これが表面に集まったものを泡沫という．起泡とはこれらの気泡，泡沫の発生をいい，消泡とはこれらが不安定になって崩壊，消滅することである.	界面活性剤は気泡，泡沫の膜面に吸着配列して，これを安定化する．一方，消泡性界面活性剤はこれを不安定化する.
洗浄	水および界面活性剤によって，固体表面に付着した汚れを除くこと.	界面活性剤は固体表面の汚れを水で濡れさせ，汚れの脱除を促し，水中への乳化，分散を助けてそれを安定化し，固体表面への再付着を防ぐ.

親油性の強い界面活性剤は W/O 型をつくりやすいが，この際の界面活性剤の親水性，親油性のバランスを示す指標として HLB が用いられる．これは非イオン界面活性剤について，乳化実験から経験的に求められたものである．多価アルコールの脂肪酸エステル型の乳化剤では，HLB は次の式で算出される.

$$\mathrm{HLB}=20(1-\mathrm{S/A})$$

S:エステルのけん化価

A:脂肪酸の中和価

例えば，ソルビタントリステアレートでは2.1，グリセリンのモノステアレートでは3.7，ポリオキシエチレン（20）ソルビタンモノオレエートでは15.8であり，親水性であるほど数値は大きい．他の型の乳化剤については別の算出式があり，イオン性のものはさらに補正が必要である．

図3.17に界面活性剤の代表的な特性と，この特性が表れるHLBの範囲を示した．これらの基本的な作用が複合されて，応用面における多様な機能が発揮される．

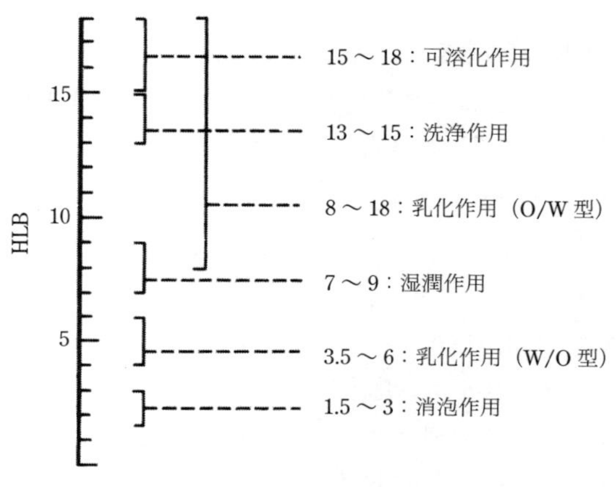

図3.17 界面活性剤の一般特性とHLB

3.12.2　界面活性剤の原料と製法

(1)　原料（親油基）

界面活性剤の原料は，大別すると油脂系と合成系になる．これまでの界面活性剤の歴史は，セッケンから始まり，家庭用洗剤をはじめとした合成系の原料の活用が市場規模を大きくし，次いで生分解性や環境への影響を配慮した界面活性剤が開発されて発展してきた．

油脂系原料は，油脂およびロウ，それから得られた脂肪酸，高級アルコール，さらにこれらの誘導体である脂肪族アミン，脂肪酸クロライド，アルキルクロライドなどが主要なものである．また，合成系の主要な中間原料は，エチレンオキサイド，プロピレンオキサイド，アルキルベンゼンなどである．ここでは，油脂系の原料を中心として述べるが，合成系の原料もエチレンオキサイドのように油脂系の原料と組み合わせて使われるものも多く見られる．また，近年ではエチレンオキサイドを天然原料から製造する技術も開発されてきている．

(2)　親水基の合成法

(1) で述べた原料は界面活性剤の親油基を構成するもので，これに種々の方法で親水基を結合させることで界面活性剤が合成される．

油脂原料を中心として，その合成方法を列記すると次のようである．

陰イオン界面活性剤：アルカリ金属によるけん化または中和，硫酸化，スルホン化，リン酸化－中和

陽イオン界面活性剤：アミンの無機・有機酸による中和，第四級アンモニウム塩化（四級化），ピリジニウム塩化

両イオン界面活性剤：第三アミン類のカルボキシメチル化，そ

の他

非イオン界面活性剤：オキシエチレン化，ポリエチレングリコールとのエステル化，多価アルコールとのエステル化，アミド化

(3) 各種界面活性剤の合成経路

界面活性剤の親油基となる原料から様々な界面活性剤が合成されており，その代表例を紹介する．

a. 油脂およびロウ

これを原料にした中間原料，および界面活性剤の代表的な合成経路を図 3.18 に示す．

油脂を加水分解することで中間原料の脂肪酸，さらにニトリル化，還元して脂肪族アミンが得られる．使用する原料は，油脂ではヤシ油，ヒマシ油，パーム油およびパーム核油などが多く，ロウではホホバ油，ラノリン，ミツロウなどがある．

そのほか特殊な原料として，針葉樹のパルプ廃液から回収されるトール油がある．この組成は約 65％がアビチエン酸で，残りは主にオレイン酸，リノール酸である．これらは不均化ロジンセッケン，硫酸化油，オキシエチレン化油脂の原料となる．

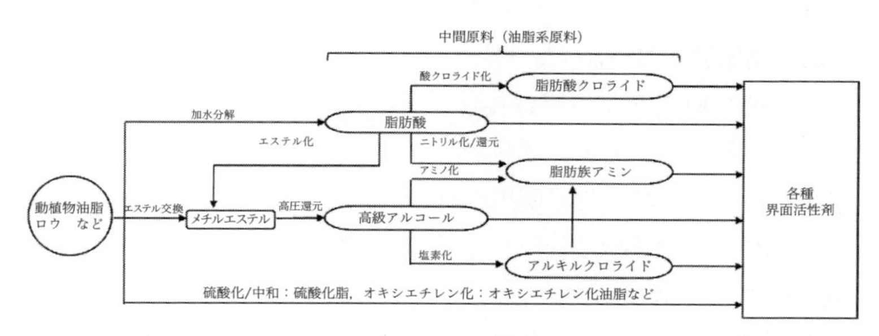

図 3.18 油脂，ロウからの中間原料および界面活性剤の合成経路

不飽和脂肪酸の多いヒマシ油はそのまま硫酸で硫酸化し，これを中和して硫酸化油にする（ヒマシ油の硫酸化油をロート油という）．

油脂にエチレンオキサイドを付加させると（オキシエチレン化）非イオン界面活性剤が得られる．また，油脂のエステル交換，脂肪酸のエステル化により脂肪酸メチルエステルが得られ，次いで高圧還元することで脂肪アルコール（高級アルコール）を得ることができる．

b. 脂肪酸

脂肪酸の主な誘導体については既に3.9節で述べたが，それらから合成される主要な界面活性剤の例とその合成経路を図3.19に示す．

原料として工業的に多く使用される脂肪酸は，C_8～C_{18}，C_{22}の飽和酸とオレイン酸，エルカ酸などである．これらの脂肪酸から合成される界面活性剤にはセッケンや硫酸化脂肪酸アルキルエステル塩，ポリオキシエチレン脂肪酸エステル，ポリエチレングリコール脂肪酸エステル，多価アルコール脂肪酸エステル，ポリオキシエチレン，ソルビタン脂肪酸エステル，アルキルアミドプロピルベタイン，脂肪酸アルカノールアミド等があり，陰イオン，陽イオン，両イオン，非イオンのすべての諸相を示す．

c. 高級アルコール

工業的に原料として用いられる高級アルコールは，主にC_8～C_{18}の飽和アルコールとC_{18}の不飽和のオレイルアルコールで，これらは単体あるいは混合物で使用される．高級アルコールの主な誘導体については3.11節で述べたが，それを原料とする界面活性剤の合成経路を図3.20に示す．

高級アルコールは，脂肪酸のように直接中和して親水基を導入することができないために，OH基に対して種々の反応を行う．例と

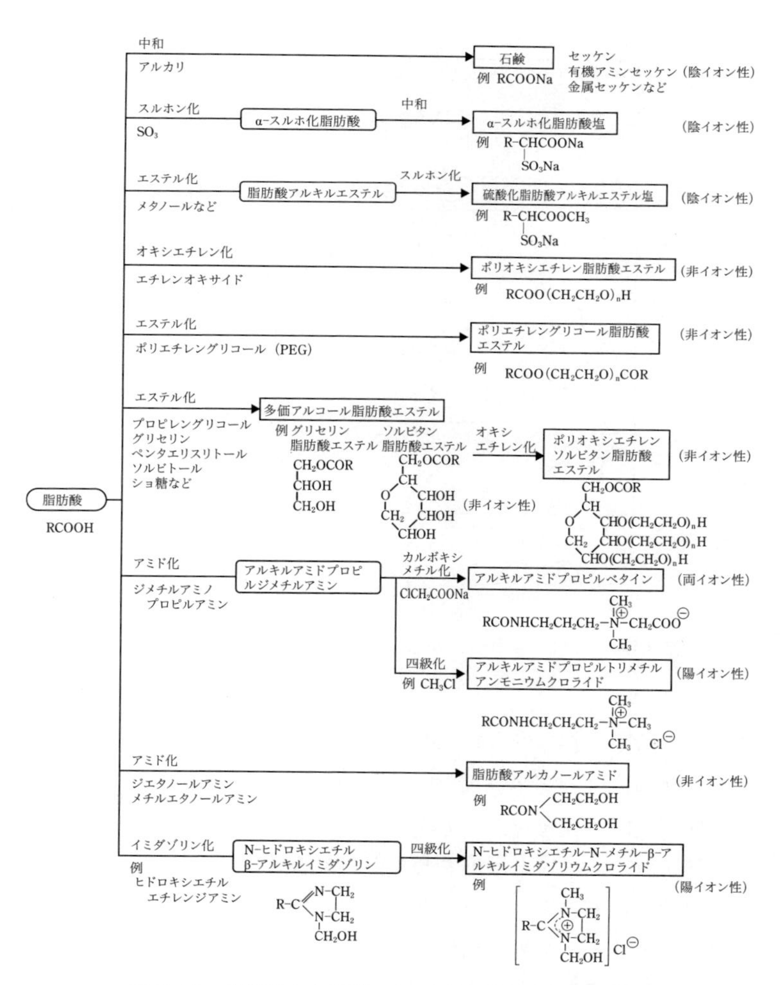

図 3.19　脂肪酸から誘導される界面活性剤の合成経路

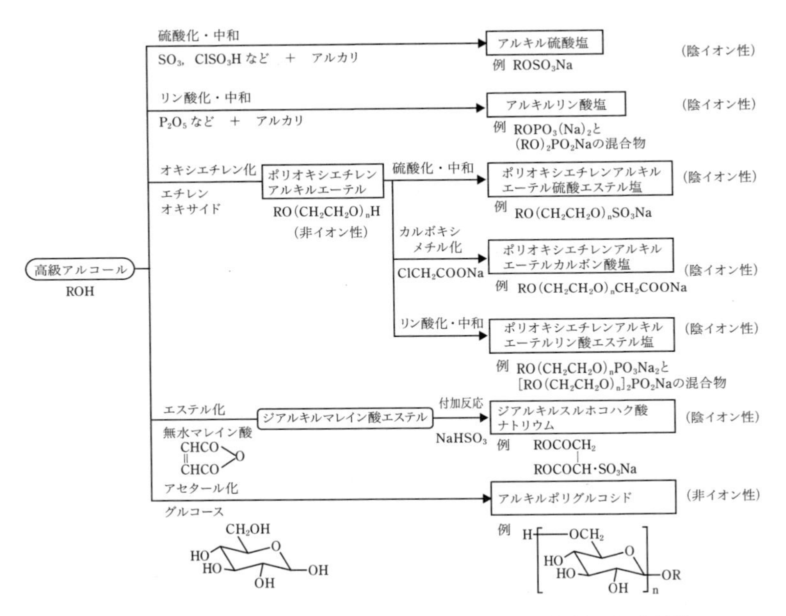

図 3.20 高級アルコールから誘導される界面活性剤の合成経路

しては，硫酸化して得られる陰イオン界面活性剤，およびオキシエチレン化したアルキルエーテル型の非イオン界面活性剤と，これを硫酸化したアルキルエーテル硫酸エステル塩の陰イオン界面活性剤，無水マレイン酸と反応させて得られるスルホコハク酸型の陰イオン界面活性剤，グルコースと反応させて得られるアルキルポリグルコシドの非イオン界面活性剤などがある．

d. 脂肪族アミン

脂肪族アミンから合成される主な界面活性剤を図 3.21 に示した．代表的なものは，脂肪族アミン塩やアルキルトリメチルアンモニウムクロライド，アルキルジメチルベンジルアンモニウムクロライド

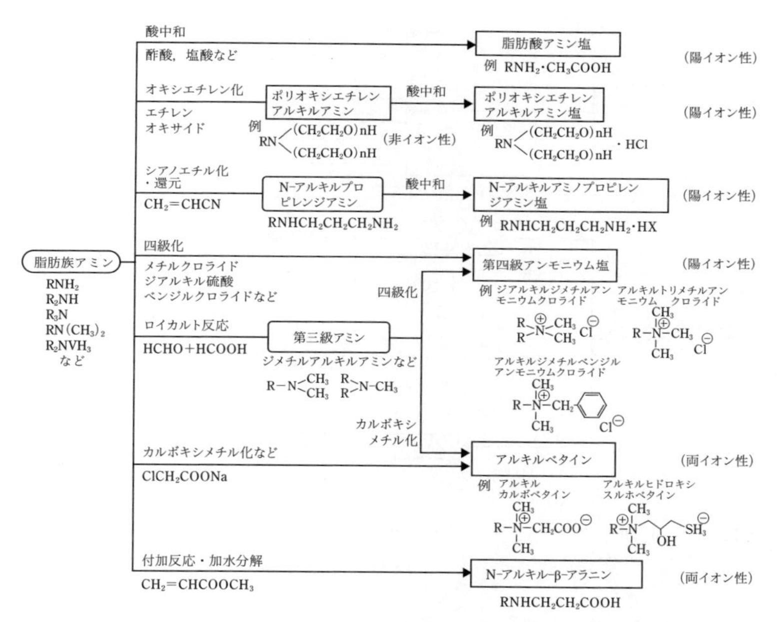

図 3.21 脂肪族アミンから誘導される界面活性剤の合成経路

等の陽イオン界面活性剤，およびカルボキシメチル化したアルキルカルボベタインなどの両イオン界面活性剤に誘導されて使用されている．

c. 脂肪酸クロライド，アルキルクロライド

脂肪酸からは脂肪酸クロライド，高級アルコールからはアルキルクロライドが誘導される．これらを原料として，図 3.22 のように界面活性剤が合成される．これらのアルキル基の種類は，脂肪族アミンの場合と同様である．合成される界面活性剤は，陰イオン，陽イオン，両イオンである．

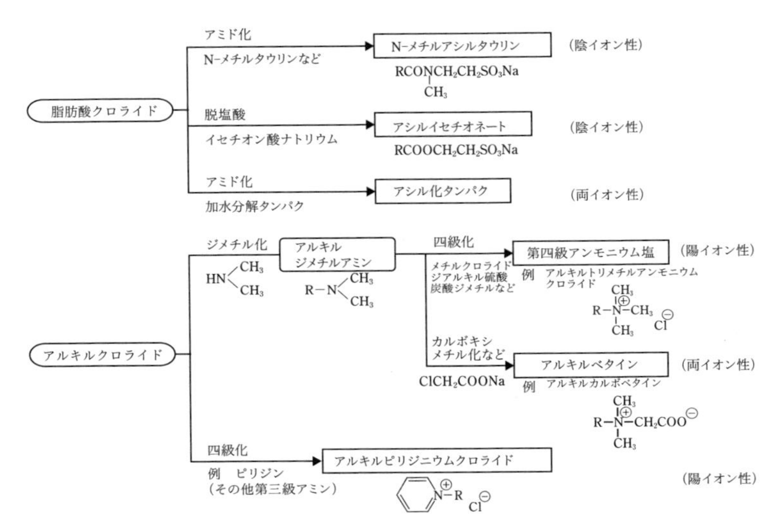

図 3.22 脂肪族クロライド，アルキルクロライドから誘導される界面活性剤の合成経路

3.12.3 界面活性剤の用途

(1) 実用上要求される性質

界面活性剤の基本的な特性と作用はすでに述べたが，作用特性は次のようなものである．

起泡　消泡　乳化　分散　可溶化　湿潤　浸透
洗浄　平滑化　減摩　柔軟化　帯電防止　殺菌
消毒　防錆　防食　増粘など

このほか実用面で要求される性質に，耐熱，耐酸，耐アルカリ，耐硬水，さらに漂白剤，還元剤，酸化剤などに対する安定性があり，また人体への安全性と低刺激性，環境への低影響も重要視されている．

(2) 主な用途と使用法

界面活性剤の品種は極めて多く，したがって用途と使用法も多種多様である．このうち，多くは繊維用（衣類含む）を対象とした洗浄，精練，仕上げなどに使用され，そのほかに紙・パルプ工業，ゴム，合成樹脂，タール，燃料，石油，潤滑油，金属，建築，農薬，肥料，皮革，香粧品，医薬，食品，染料，顔料，印刷インキ，セッケン，洗剤，ツヤ出し，クリーニングなど幅広い分野にわたっている．

繊維用では，イオン性，非イオン性界面活性剤がいずれももっとも多く使用されており，なかでも陰イオンと非イオン界面活性剤が多く，陽イオン界面活性剤の過半量もこの分野で使われている．

繊維工業を例に見てみると，繊維の種類は天然の木綿，羊毛，絹，麻，合成繊維のナイロン，ポリエステル，アクリル，化学繊維のレーヨン，キュプラ，アセテートなどが代表的であるが，各繊維の特性によって処理，加工工程が異なり，しかも複雑である．表3.24に，各種工業における界面活性剤の応用の概略を示した．ここでは，各処理剤およびその使用目的，使用する界面活性剤のイオン性やその他の配合物例などを示した．

表 3.24 各種工業における界面活性剤の使用法

工業	工程	処理剤	使用目的	界面活性剤，その他の配合物
繊維	精練，洗浄	精練，洗浄剤	種々の繊維原料から不純物を洗浄除去し，繊維の質を上げ，次の加工工程を容易にする．染色前，染色後にも行う．	セッケンをはじめとする陰イオン，非イオン
	羊毛の化炭	浸透剤	硫酸溶液処理，ベーキング（100～120℃に加熱）により，不純物を炭化粉砕して除去，この際，酸の浸透剤に用いる	耐酸性の陰イオン

工業	工程	処理剤	使用目的	界面活性剤, その他の配合物
繊維	紡糸, 紡毛, 紡績, 編立など	油剤（給油剤）	繊維と機械および繊維と繊維間の摩擦低下	陰イオン, 非イオン, 鉱物油, 動植物油など
	染色	染色助剤（分散剤, 均染剤）	染料, 繊維, 染色法により変わるが, 浸透, 分散, 均染, 固着などの作用を示す	一般に陰イオン, 酸性染料に非イオン, 含窒素系非イオン, カチオン染料に陽イオン
	仕上げ加工	柔軟仕上剤	繊維の風合を向上させる	陰イオン, 非イオン, 陽イオン, 両イオン, 油脂, ロウ, 高級アルコール, 鉱物油など
		帯電防止剤	工程中および製品の静電気発生防止	リン酸エステル系陰イオン, ポリオキシエチレン系非イオン, 第四級アンモニウム型陽イオン
紙・パルプ	パルプ化	脱樹脂分散剤	原木中の膠質物質, リグニンなどの分離・分散	ポリオキシエチレンアルキルフェニルエーテル型非イオン, 陰イオン
		消泡剤		非イオン
	パルプ回収	脱墨剤	印刷インキの除去助剤	陰イオン, 非イオン
	抄紙	サイズ添加剤	インキ止めのため, ロジン, ワックス, カルボキシメチルセルロース（CMC）などの練りこみ, コーティング助剤	セッケン, 陰イオン, 非イオン
		フェルト洗浄剤		非イオン, 陰イオン
	紙加工	紙加工剤	上質紙仕上げのため, カオリン, 顔料, カゼイン, 合成樹脂ラテックスのコーティング助剤	陰イオン, 非イオン, 陽イオン, 両イオン
合成樹脂・ゴム	重合	乳化剤	乳化重合, 溶液重合, 懸濁重合用の乳化・分散剤	不均化ロジン, 脂肪酸のセッケン, 陰イオン, 非イオン
	合成樹脂エマルション	乳化・分散剤	ラテックスの乳化・分散	セッケン, 陰イオン, 非イオン
		安定剤	ラテックスの安定	セッケン, 陰イオン, 非イオン
		湿潤剤	ラテックスの湿潤	陰イオン, 非イオン
		消泡剤	ラテックスの消泡剤	非イオン
	2次加工添加剤	帯電防止剤	プラスチックフィルムに起こる静電気防止	陰イオン（リン酸塩など）, 非イオン

工業	工程	処理剤	使用目的	界面活性剤，その他の配合物
合成樹脂・ゴム	2次加工添加剤	防曇剤	プラスチックフィルムの表面の曇り止めのための親水性化	非イオン
		滑剤	プラスチック，ゴムの接着性を落とし成形時の金型から取れやすくする	非イオン
		離型剤	プラスチック，ゴムの接着性を落とし成形時の金型から取れやすくする	陰イオン，非イオン，脂肪酸アミド類
タール・燃料・石油	原料採掘，運搬	種々の処理剤	原油採掘に関係する分離，乳化，破壊，浸透など	陰イオン，陽イオン，非イオン
		エマルション破壊剤	原油のエマルション生成防止	陰イオン，陽イオン，非イオン
		重油添加剤	重油燃焼促進に関する種々の助剤	非イオン，陰イオン，金属セッケン
金属	表面処理	酸性洗浄剤	無機質汚れを硫酸，塩酸，リン酸，硝酸洗浄する際の障害抑制	陽イオン
		アルカリ洗浄剤	カセイソーダ，炭酸Na，ケイ酸Naなどと併用	アルカリと陰イオン，非イオン
		溶剤洗浄剤	灯油，軽油，塩素系溶剤などの乳化溶剤用の乳化・洗浄	特に塩素系溶剤と陰イオン，非イオン
	防錆	油溶性防錆剤	サビ止め効果の向上	鉱油と陰イオン，陽イオン
		水溶性防錆剤	油溶性に比べて効果は少ないが短期用に良い	陽イオン，両イオン，リン酸塩，陰イオン
	メッキ	メッキ液添加剤	メッキ作業の向上	陰イオン，非イオン，陽イオン
潤滑油		乳化型用乳化剤	エキスパンダーオイル，圧延油，切削油などの乳化剤	非イオン，陰イオン
		添加剤	潤滑油諸性能向上，サビ止めなど	非イオン，陰イオン，陽イオン
土木・建築	コンクリート，セメントモルタル	空気連行剤(AE剤)	乳化剤の気泡作用により微細空気を分散し，耐久性，軽量化	陰イオン
		減水剤	減水によりペースト濃度高まり強度，耐久性向上，作業性の改善	陰イオン
	アスファルト舗装	アスファルト乳化剤	乳化剤により付着，接着性が上がる	陽イオン，非イオン
	石膏ボード	減水剤	混和水の減少	陰イオン
		空気連行剤	コンクリートの場合と同様に気泡により軽量化	陰イオン

工業	工程	処理剤	使用目的	界面活性剤，その他の配合物
農業		乳化分散剤	農薬製剤の乳化，湿潤，分散，農薬主剤製造工程助剤	非イオン，陰イオン
		展着剤	農薬散布液の物理性改良の助剤	陰イオン，非イオン
		アジュバント	農薬主剤の効果増大	陰イオン，陽イオン，非イオン
肥料		固結防止剤	尿素，硫安，硝安，塩安，化学肥料などの固結防止	陰イオン，陽イオン
		リン酸消泡剤		非イオン，陰イオン
皮革	準備工程	助剤	水漬け，石灰漬け，脱脂など	セッケン，陰イオン，非イオン
	なめし工程 (タンニンなめし) (クロムなめし)	助剤 助剤	タンニンを皮革に浸透 クロム酸塩なめし液の分散，浸透	陰イオン 非イオン，陰イオン
	仕上げ工程	染色助剤	生皮，皮革の染色の際の浸透，均染助剤	陰イオン，非イオン，第四級アンモニウム塩型陽イオン
		仕上げ助剤	仕上げ，加脂のための油脂類乳化	セッケン，陰イオン，非イオン，陽イオン
香粧品		乳化剤，基剤	製造工程助剤，製品に特性を与えるために界面活性剤の諸作用が最も広く応用されている	非イオン，陰イオン，陽イオン，両イオン
医薬		殺菌・消毒剤	界面活性剤の殺菌，消毒作用そのものを応用	主剤として陽イオン
		医薬用添加剤	主剤の乳化，可溶化，湿潤，分散	非イオン，陽イオン
食品		乳化剤，気泡剤，消泡剤，品質改良剤	乳化，発泡，消泡，品質改良など	食品添加物として許可されている非イオン系とレシチン
染料		湿潤・分散剤	製造上の湿潤，解膠，分散など	非イオン，陰イオン
		飛散防止剤	カチオン染料，酸性染料，直接染料の飛散防止	非イオン
顔料	水性カラー有機顔料用	湿潤・分散剤	水性塗料の顔料，ビヒクルの分散	非イオン
顔料	繊維顔料樹脂捺染用	湿潤・分散剤	バインダー，エクステンダーに使われる．湿潤，増粘，乳化，分散	非イオン

工業	工程	処理剤	使用目的	界面活性剤，その他の配合物
塗料	合成樹脂エマルション塗料	湿潤・分散剤	顔料の湿潤，分散，増粘	陰イオン，非イオン
	水溶性合成樹脂塗料	湿潤・分散剤	主に水溶性アクリル系，アルキド樹脂系の湿潤，分散，消泡	陰イオン，非イオン
印刷インキ		分散剤	主に顔料の湿潤，分散	非イオン
		帯電防止剤	印刷の際のトラブル防止のための帯電防止	陰イオン
ツヤ出し		ワックスの乳化安定剤	床材，自動車，家具，靴などのワックス，天然ロウ，合成樹脂の乳化・安定化	陰イオン，非イオン
クリーニング	ランドリー	洗浄剤	主に白物の洗浄	セッケン，陰イオン，非イオン
	ドライクリーニング	溶剤	溶剤による洗浄の助剤	陰イオン，非イオン
	仕上げ	柔軟剤		陽イオン

3.12.4 界面活性剤の代表例

ここではイオン別に代表的な品種をあげて，構造式と，これに用いられるアルキル基（R）またはアシル基（RCO －）の炭素数の範囲，特性，用途の代表例などについて述べる.

(1) 陰イオン界面活性剤

a. 各種セッケン

$$RCOOMe$$

炭素数 8～20，Me は Na などの金属塩で，水中で加水分解してアルカリ性を示す.

b. アルキル硫酸塩（AS）

$$ROSO_3Me$$

炭素数 12～18. 溶液は中性，C_{12} は起泡力が高い．R が短いと浸透力が良く，長いと洗浄力が良好.

用途：家庭用洗剤，シャンプー基剤

c. ポリオキシエチレンアルキルエーテル硫酸エステル塩（AES）

$$RO(CH_2CH_2O)_n SO_3Me$$

炭素数 12～16. *n* の小さいものがよく使われ，*n* の大きさによって性状は異なる.

用途：家庭用洗剤，シャンプー基剤，乳化，分散，洗浄，発泡など

d. N-アシルグルタミン酸塩（AGS）

$$\begin{array}{l} HOC(O)CH_2CH_2CHCOONa \\ | \\ HNCOR \end{array}$$

R は炭素数 11～17 の飽和アルキル基，Na はトリエタノールアミンの場合もある．起泡力，洗浄力に富む．低刺激性で耐硬水性に優れる.

用途：皮膚洗浄剤

e. 硫酸化油

炭素数 16～22. セッケンに比べて耐酸性，耐アルカリ性，耐硬水性に富むが，洗浄力は弱い.

用途：浸透，乳化，染色助剤，柔軟平滑剤

f. モノ（またはジ）アルキルスルホコハク酸塩

$$\begin{array}{l} ROC(O)CH_2 \\ | \\ ROC(O)CH\cdot SO_3Na \end{array}$$

炭素数 6～12. 耐熱性，耐加水分解性は劣る.

用途：Rの短いものは湿潤，可溶化剤，Rの長いものは柔軟，繊維加工助剤

g.　アルキルスルホン酸塩

$$RSO_3Me$$

炭素数12～18，一般に高級アルコール硫酸エステル塩とほぼ同様の性状を示し，耐酸性はあるが耐硬水性はアルキルアリルスルホン酸塩に比べて劣る．

用途：一般に洗浄

(2)　陽イオン界面活性剤

a.　脂肪族アミン塩

$$RNH_2 \cdot CH_3COOH\text{(酢酸塩)}$$

炭素数12～18，塩酸塩もある．

用途：防錆，浮遊選鉱

b.　ポリオキシエチレンアルキルアミン塩

$$RN\begin{cases}(CH_2CH_2O)_nH \\ (CH_2CH_2O)_nH\end{cases} \cdot HCl$$

炭素数12～18，アルカリ性側の使用では非イオン性，酸性側の使用では陽イオン性の特徴を示す．

用途：乳化，分散，帯電防止

c.　第四級アンモニウム塩

$$R-\overset{CH_3}{\underset{CH_3}{\overset{|\oplus}{\underset{|}{N}}}}-CH_3 \quad Cl^{\ominus} \qquad R-\overset{CH_3}{\underset{CH_3}{\overset{|\oplus}{\underset{|}{N}}}}-CH_2-C_6H_5 \quad Cl^{\ominus}$$

炭素数 1〜22.

用途：乳化，分散，毛髪柔軟化，帯電防止，繊維柔軟仕上げ，殺菌

(3) 両イオン界面活性剤

a. アルキルカルボベタイン

$$R-\overset{\displaystyle CH_3}{\underset{\displaystyle CH_3}{\overset{|\oplus}{\underset{|}{N}}}}-CH_2COO^{\ominus}$$

炭素数 12〜18. 耐酸性，耐アルカリ性，低刺激性，耐硬水性が良く，抗タンパク凝固性がある.

用途：洗浄，起泡，殺菌，繊維柔軟仕上げ

b. アルキルアミドプロピルベタイン

$$RCONHCH_2CH_2CH_2-\overset{\displaystyle CH_3}{\underset{\displaystyle CH_3}{\overset{|\oplus}{\underset{|}{N}}}}-CH_2COO^{\ominus}$$

炭素数 12〜18. 安価でもっとも多く使用されているベタインである. 耐酸性，耐アルカリ性，低刺激性，耐硬水性が良い.

用途：洗浄，起泡

c. アルキルヒドロキシスルホベタイン

$$R-\overset{\displaystyle CH_3}{\underset{\displaystyle CH_3}{\overset{\oplus|}{\underset{|}{N}}}}-CH_2CH(OH)CH_2SO_3^{\ominus}$$

炭素数 12〜14. 低刺激性，ベタイン中ではもっとも耐硬水性が良い.

用途：洗浄，起泡

(4)　非イオン界面活性剤

非イオン界面活性剤に共通した特徴は，合成の際にエチレンオキサイドの付加モル数を調節することによって，また HLB の異なる界面活性剤の配合によって，親油性と親水性のバランスをかなりの範囲にわたって調節できることである．イオン性界面活性剤ではこのように自由に調整できない．また，イオン性がないので種々の物質との配合において酸，アルカリ，塩類に影響されず安定である．これらの利点によって，非イオン界面活性剤は多量に使われている．

a.　ポリオキシエチレンアルキルエーテル

$$R\text{-}O(CH_2CH_2O)_nH$$

炭素数 12～18.

用途：乳化，分散，洗浄，乳化重合

b.　グリセリン脂肪酸エステル（例：モノグリセライド）

$$\begin{array}{l} CH_2OC(O)R \\ | \\ CHOH \\ | \\ CH_2OH \end{array}$$

炭素数 12～18.

用途：食品，化粧品などの乳化，起泡，消泡，品質改良

c.　ポリグリセリン縮合リシノール酸エステル

リシノール酸の 3～5 分子縮合物と重合度 3～10 程度のポリグリセリンを結合.

用途：食品，チョコレート粘度低下剤，W/O 型乳化剤

d. ソルビタン脂肪酸エステル

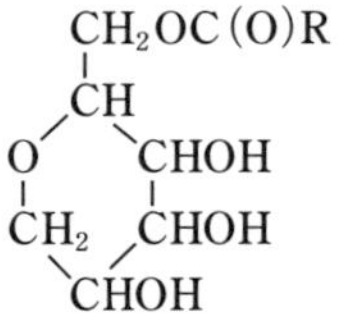

$CH_2OC(O)R$
CH
O　$CHOH$
CH_2　$CHOH$
$CHOH$

炭素数 12～18.

用途：食品，化粧品などの乳化，起泡，消泡，品質改良

e. ポリオキシエチレンソルビタン脂肪酸エステル

$CH_2OC(O)R$
CH
O　$CHO(CH_2CH_2O)_nH$
CH_2　$CHO(CH_2CH_2O)_nH$
$CHO(CH_2CH_2O)_nH$

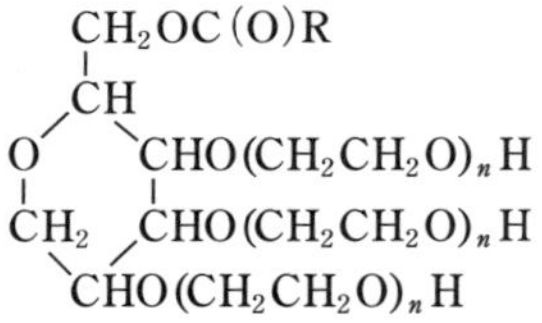

炭素数 12～18.

用途：乳化，分散

f. ショ糖脂肪酸エステル

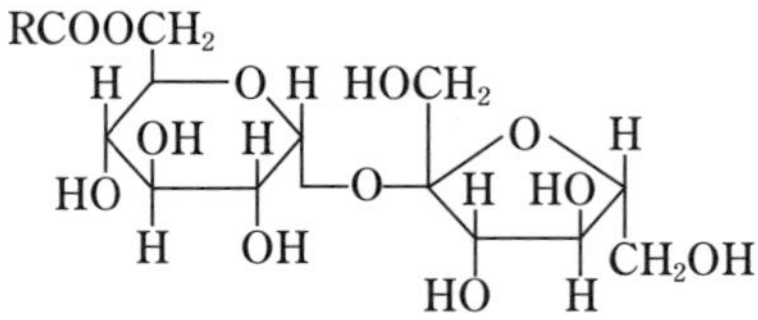

$RCOOCH_2$
H　O　H　$HOCH_2$
OH　H　O　H
HO　O　H　HO
H　OH　CH_2OH
HO　H

炭素数 12～18.

用途：食品，化粧品などの乳化，起泡，洗浄

g.　アルキルポリグルコシド

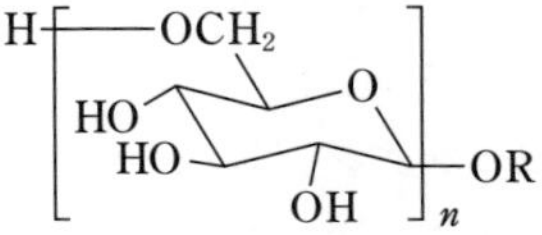

H—OCH$_2$
HO　O
HO　—OR
OH　]$_n$

炭素数 10～14．エーテル型なので加水分解に強く，起泡力も高い．

用途：乳化，分散，起泡，洗浄

h.　ポリオキシエチレン脂肪酸エステル

$$RCOO(CH_2CH_2O)_nH$$

炭素数 12～18．エステル型なので加水分解に弱く，熱アルカリ溶液に不安定．弱アルカリでは問題ない．

用途：乳化，分散

3.13　セッケン（石けん）

脂肪酸の金属塩を総称してセッケンといい，その構造式は次のようである．

$$RCOOMe$$

炭素数の主な範囲は 8～18 で，Me は金属であることが多い．金属がナトリウム，カリウムなどのアルカリである場合に陰イオン性の界面活性を示し，主として洗浄剤に用いられる．金属の代わりにアルカノールアミンや塩基性アミノ酸を用いる場合もある．

広義のセッケンは，樹脂酸，ナフテン酸などの塩をも含み，金属には鉛，バリウム，カルシウムをはじめ種類は多いが，ナトリウム，カリウムの塩以外は水に不溶性か難溶性で洗浄力はなく，主に塩化ビニルの安定剤など工業用に使われる（これらは「金属セッケン」として3.13.4項で述べる）．

浴用セッケンや洗顔セッケン，手洗いセッケンなどがあり，皮膚用洗浄剤として，安全性や皮膚に対する低刺激性の面で優れた商品も開発されている（3.13.3項で詳述）．これらは，工業用セッケンとは異なる陰イオン界面活性剤，例えばN-アシルグルタミン塩やポリオキシエチレンアルキルエーテル酢酸塩などを組み合わせて使用していることもある．

3.13.1　セッケンの原料

セッケンを製造する際の化学反応は，トリグリセライド（油脂）のアルカリによるけん化，あるいは脂肪酸のアルカリによる中和である．アルカリをカセイソーダとすると，その反応は次式のようになる．

＜けん化＞

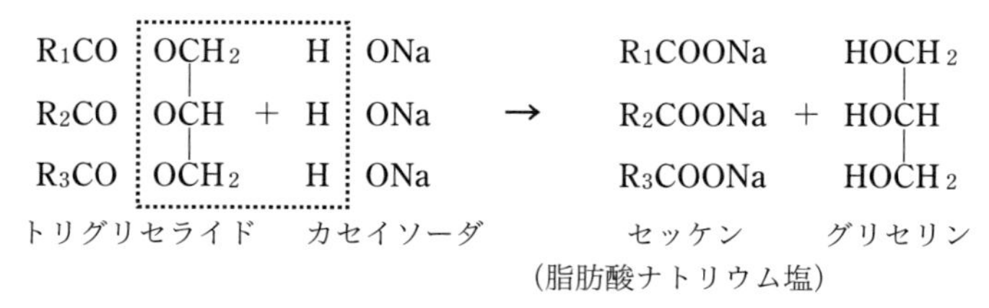

＜中　和＞

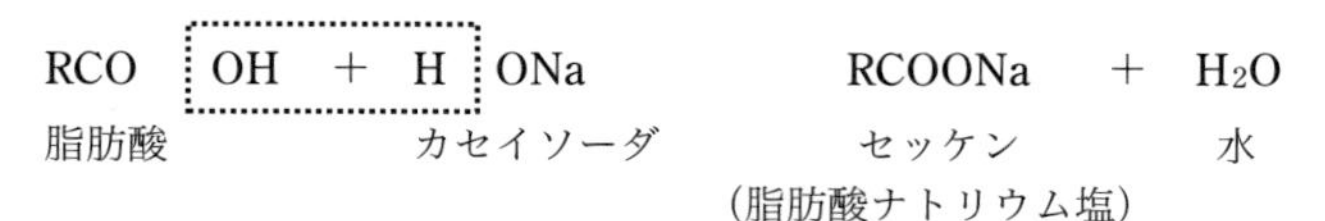

このように，トリグリセライドあるいは脂肪酸の種類にかかわらず，セッケンを製造することができる．しかし，生成したセッケン

の性質は脂肪酸の種類によって異なることと，コスト上の制限から，自ずと原料の種類は限定される．

a.　油脂原料

油脂原料の選択に際しては一般に次のようなことがいえる．

①　泡立ちの遅いセッケン：牛脂，パーム油，硬化油（比較的融点の低い不飽和脂肪酸を多く含む油脂に水素添加を行い，より融点の高い飽和脂肪酸の割合を増加させた油脂）を原料とするものがこれに属する．泡立ちは冷水で悪く，温水で良い．溶解時の洗浄力は強く，中鎖脂肪酸の石鹸に比べて皮膚刺激が温和であり，通常もっとも多く使われている原料である．脂肪酸組成は炭素数が主に16～18であり，飽和酸が50％前後，不飽和酸は主にオレイン酸からなる．

②　泡立ちの速いセッケン：ヤシ油，パーム核油のような炭素数12のラウリン酸がほぼ50％含まれる脂肪酸のセッケンである．食塩のような電解質の影響が少ないので海水用セッケンなどに使われる．通常の固形セッケンの原料として，約20％程度使われる．

③　軟らかいセッケン：大豆油，綿実油のように，飽和酸は多くても30％，不飽和酸はリノール酸が多い組成である．このカリウム塩はペースト状で軟セッケンに用いられる．ただし，変敗しやすい欠点がある．

一般の化粧セッケンでは，パーム油・牛脂脂肪酸系80％，パーム核・ヤシ油脂肪酸系20％の組成範囲のものが多い．

特殊な形態および性質をもつセッケンは，それに応じた脂肪酸組成と中和剤が選ばれる．

b.　副原料

副原料もセッケンの品質にとって重要で，主にセッケン素地との配合工程の段階で加えられる．その代表的なものには次のようなものがある.

・安定化剤：セッケンの油脂成分の変質防止に用いられる．酸化防止剤，金属イオン封鎖剤などがある.

・着色料：着色には染料および顔料が用いられるが，特に日光に対する堅牢度の強いことが必要である．また透明化を防ぐために，酸化チタンが使用されることが多い.

・香料：香料は化粧セッケンにおいて特に重要である．これにはアルカリによって変質しないものが選ばれる．ハーブまたはその抽出物が使用されることが多い.

・過脂肪剤：セッケンの泡立ち，泡質を向上させるほか，使用後の皮膚に柔軟性を与えるためのもので，高級脂肪酸，高級アルコールなどが用いられる.

・洗浄補助剤：このほかに漂白剤，蛍光染料も併用されることがある．また特殊な場合として，薬用セッケン，デオドラントセッケンでは安全性の高い殺菌剤が添加されるが，添加量は制限されている.

3.13.2 セッケンの製法

セッケンの製法は大別すると，セッケン素地となるニートソープをつくるまでの工程と，それから浴用セッケンや粉末セッケンをつくる仕上げ工程がある（図 3.24 参照).

(1) ニートソープの製造工程

原料油脂は一般に白土精製し，けん化あるいは加水分解を行う.

a. けん化法

けん化法として代表的な，塩析法について述べる.

まず，油脂を約 100℃に保ち，アルカリを徐々に加えながら穏やかに撹拌を行うが，初期乳化の段階が重要で，このとき遊離脂肪酸

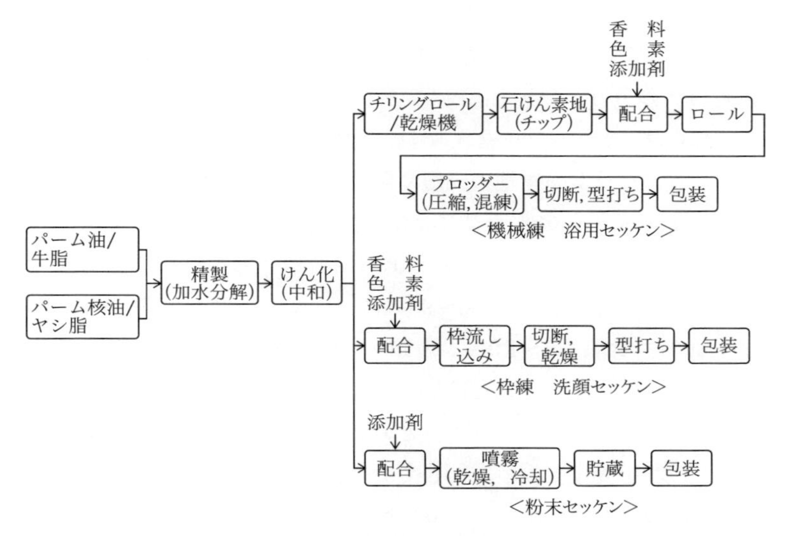

図 3.23　セッケンの製造工程

かセッケンが存在するとけん化反応は順調に進行する．生成したセッケンが乳化剤の役割を果たし，けん化反応が進みだすと急速に進行し，さらにセッケン分が増加し，粘度の上昇，反応熱の発生が見られる．カセイソーダの必要計算量は，次のようになる．

カセイソーダ必要量(kg)
＝(油脂のけん化価)×40/56×［油脂量(トン)］

カセイソーダは濃度10〜20％程度のものが使われ，けん化の進行状態に応じて分注する．またカセイソーダは，最終的に完全にけん化された素地で，遊離アルカリが約0.1〜1％程度になるように，計算量よりやや過剰に加える場合が多い．

ほぼけん化が終わったら，食塩あるいは飽和食塩水を加えてセッケンを析出させる（塩析）．セッケンは食塩水のような電解質には溶けないので，これを静置すると，上層にセッケン素地（ニートソープ），下層に廃液が分離する．廃液には遊離グリセリン，食塩，過剰のアルカリ，原料油脂からの不純物が混入している．そのため，塩析操作は2〜5回繰り返す．最終の工程を仕上げ塩析と呼ぶが，これはセッケン素地の品質に影響する重要な工程である．

けん化の完了とアルカリによるけん化度，塩析の程度を確認して，24〜72時間保温静置する．上層に分離するものがニートソープであるが，この組成は80〜90℃においてセッケン分約70%，水分約30%，食塩0.5〜1.0%，遊離アルカリ0.02〜0.1%，グリセリン0.2〜2.0%であり，半透明なペースト状である．これを上層より取り出す．下層には“ニガー”といわれる中間層と，少量の廃液が残る．これを食塩で再び塩析してセッケン層と廃液に分け，セッケン層は次のけん化に用い，廃液は塩析の繰り返しで分離したものと合わせて，グリセリンの回収を行う（3.10参照）．

その他のけん化法：水焚（みずたき）法と呼ばれる方法は塩析を全く行わず，けん化後そのまま仕上げ工程に移るもので，グリセリン，不純物がともに混在している．ヤシ油セッケン，カリウムセッケンなどのように塩析困難な場合や，小規模の洗濯セッケンの製造などに用いられている．

冷製法（コールドプロセス）は，比較的けん化されやすいヤシ油，パーム核油や不飽和脂肪酸の多い原料の場合に，けん化の際に発生する反応熱を利用して保温放置し，加熱せず2〜3日で反応を完了させる方法である．やや濃度の高いアルカリによって，水分の少ないセッケンを作るときに用いられている．これも小規模生産の場合にとられている方法である．

b. メチルエステルけん化法

まず原料油脂をメタノールとエステル交換して脂肪酸のメチルエ

ステルとし，これをけん化してセッケンをつくる方法である．エステル交換，メタノール回収などの装置が必要だが，高濃度のグリセリンが回収できること，脂肪酸メチルエステルが蒸留によって精製され貯蔵中の安定性が高いこと，けん化が容易であり総合的な歩留まりが高いなどの利点がある．

c.　中和法

油脂の加水分解で得られた脂肪酸を，カセイソーダで中和する方法である．

総合的な油脂の加工という点から見ると，中和法はあらかじめ油脂の加水分解でグリセリンの回収を行うので，回収されたグリセリンの品質，収量ともにけん化法に比べて有利である．また，中和法はけん化法に比べて工程が簡単で所要時間も短い．さらに，脂肪酸はあらかじめ蒸留して精製度を高めることができ，セッケンにおける脂肪酸の組み合わせも自由であるなど利点が多い．欠点としては，素地の色が中和温度に影響され，高すぎると着色しやすいことがある．

d.　装　置

バッチ法では，撹拌機を備えたオープンケトルを用いるが，けん化後ニートソープを得るのに約1週間を要し，それから発生する廃液の処理も大きな問題である．そのため，けん化法，メチルエステルけん化法，中和法いずれの場合でも連続法が考案され，実施されている．

(2)　セッケンの仕上げ工程

セッケンには，その種類，用途の違いによって固形，粉末，ペースト，液体などの形態があり，それぞれ製造方法，特に仕上げ工程が違っている．ここでは，セッケンの仕上げ工程について述べる．

機械練り法：浴用セッケンの従来の一般的製法として，機械練りがある．先に図3.24に示したように，ニートソープを冷却ロールによって薄いリボン状にした後，ベルト乾燥機を通して，約30%の水分を10～15%まで乾燥させてセッケン素地を得る．近年のセッケン素地の形態は，ペレタイザー等を用いてペレット状で供給される．次に，この乾燥チップをミキサーに入れて，着色料，香料その他の添加剤を加え，ロールに送る．通常3段のロールによって練り，リボン状の薄片にした後，プロッダーに送る．プロッダーはセッケンに混練と圧縮を加える密閉式で，2段式の場合中央に減圧の部分がある．混練圧縮されたセッケンはプロッダーより棒状に押し出され，切断，型打ちされ，直ちに包装される．

枠練り法：溶融状ニートソープに種々の添加剤を加えた後，冷却枠に注入し，固化して切断，乾燥する．セッケンのカードソープ構造を利用して固化するため，機械練り法に比べて液体成分を多く保持した処方でも固形化することができる．

3.13.3 セッケンの品種と用途

セッケンの種類は多いが，その配合，形態，用途によって分類される．

a. 浴用（化粧）セッケン

主に皮膚の洗浄に用いられており，固形の硬いセッケンで，浴用または化粧用に用いられている．皮膚を洗浄する場合，セッケンと合成界面活性剤を比べると，汚れの洗浄力はいずれも十分であるが，使用後の肌の感じはセッケンの方がさっぱりしている．これは，水道水に含まれる適度なカルシウムイオンが脂肪酸と反応して塩をつくり，これが肌に残留するためである．

また，アルカリ性による刺激をやわらげるために，高級脂肪酸を加えて過脂肪セッケンとする場合も多い．過脂肪セッケンは，過脂肪分による起泡性低下を補うため，パーム核油系の脂肪酸を30～40％に増量することが多く，この場合はクリーミーな泡質で泡量も多い特徴をもつ．さらに起泡性の向上を図るために，一部をナトリウムではなくカリウムで中和したものもある．現在，生産性の観点から，浴用セッケンはほとんどが機械練りによって製造されている．

透明セッケン：パーム油，パーム核油などの油脂をけん化したり，水，グリセリン，アルコールに機械練りセッケン用の石鹸素地を溶解し，さらに中和法でセッケンのアルキル組成を整えた後で枠練法で製造したり，透明セッケン用の特殊素地をプロッダーで押し出すなど，種々の配合と製法がある．また，セッケンの透明性を保つために，グリセリン，アルコール，ショ糖などの結晶阻害剤が添加されている．枠練り法による透明セッケンは，一般的にはアルコールを気散させて透明性を上げるために，乾燥工程に長時間を要し量産しにくいが，その外観は美しく，保湿剤も多く含まれているため洗顔セッケンとして好まれている．

水セッケン（手洗いセッケン）：透明な液状セッケンで，セッケン分は15～30％である．ヤシ油を主原料とし，これにオレイン酸系の油脂を少量配合したものを原料とするカリセッケン（軟セッケン）である．これは水焚法でつくることが多い．

b.　デオドラントセッケン，薬用セッケン

通常の浴用セッケンとは訴求点の異なる固形セッケンである．デオドラントセッケンは細菌の繁殖抑制により体臭を防止し，薬用セッケンは肌の殺菌消毒を目的としたものと，肌荒れの防止を目的にしたものの2種類がある．使用の許される殺菌剤としてイソプロピルメチルフェノール（IPMP），消炎剤としてグリチルリチン酸塩等があるが，使用量は制限されている．

c. ボディシャンプー

液体製品であり，ライフスタイルや浴室設備（シャワー）の変化に伴い，幅広いユーザーに使用されている．界面活性剤としては，C_{12}～C_{16} 脂肪酸のカリウム塩，N-アシルグルタミン酸塩（AGS），ポリオキシエチレンアルキルエーテル硫酸エステル塩（AES）などが用いられており，特に皮膚に対するマイルドな作用を訴求している．また，これにデオドラント性を付与したものもある．

d. 洗顔フォーム

液状をはじめ，クリーム状，透明ゼリー状，乳液状，エアゾール，顆粒・粉末状など各種形態の製品がある．界面活性剤は，脂肪酸ナトリウム，カリウム塩，N-アシルグルタミン酸塩，ポリオキシエチレンアルキルエーテル硫酸塩（AES）などが主に使われる．泡立てて使用し，保湿効果も期待される．

e. その他のセッケン

米国で市販されている浮きセッケンは，プロッダー等でセッケン中に気泡を分散させ，比重を 0.8～0.9 とし，浴槽の中で浮くようにしてある．

複合セッケン（あるいは合成セッケン）は，セッケンと合成界面活性剤を組み合わせて，耐硬水性や肌へのマイルド性を向上させたものである．

ひげそり用セッケンは，粉末をはじめ種々の形態があるが，ステアリン酸セッケンを主体として，これに起泡性を向上させるためにパーム核油セッケンやヤシセッケンが配合されているものが多い．また，複合セッケンにして肌へのマイルド性を向上させたものもある．

3.13.4　金属セッケン

金属セッケンは，一般に，ナトリウム，カリウム以外の金属と脂肪酸，樹脂酸，ナフテン酸などの塩をいう．

金属セッケンは水に対し不溶性か難溶性である．

製造法：工業的な製造法には2つあり，1つは複分解沈殿法で，以下にその一例を示す．

$$\underset{\text{脂肪酸}}{RCOOH} + \underset{\text{カセイソーダ}}{NaOH} \rightarrow \underset{\text{セッケン}}{RCOONa} + \underset{\text{水}}{H_2O}$$

$$\underset{\text{セッケン}}{2RCOONa} + \underset{\text{塩化バリウム}}{BaCl_2} \rightarrow \underset{\text{バリウムセッケン}}{(RCOO)_2Ba} + \underset{\text{食塩}}{2NaCl}$$

例えば，脂肪酸をステアリン酸として，中和法により約15％濃度のセッケン液をつくり，70℃前後で塩化バリウム水溶液を徐々に撹拌しながら添加して複分解を行い，完了したのち沪過，洗浄，乾燥する．

もう1つの方法は溶解法といい，溶解した脂肪酸に金属の酸化物を投入しながら反応させる．反応温度は酸および金属によって変わるが，100℃より始まり150℃程度を終点とする．一酸化物を例にとると，反応式は次のようである．

$$\underset{\text{脂肪酸}}{2RCOOH} + \underset{\text{一酸化鉛}}{PbO} \rightarrow \underset{\text{鉛セッケン}}{(RCOO)_2Pb} + \underset{\text{水}}{H_2O}$$

発生する水は，反応中に蒸発する．

用　途：金属セッケンの種類は多く，ステアリン酸の鉛，バリウム，カルシウム塩などは塩化ビニルの安定剤，ポリスチレンなどの樹脂の離型剤，滑剤に，アマニ油からのリノレン酸と鉛，コバルト，マンガンなどのリノレン酸塩などが塗料の乾燥剤に，各種脂肪酸のカルシウム，マグネシウムセッケンが潤滑油およびグリースに用いられる．その他，防水材，農薬展着剤などへの用途もある．

3.14 洗　　　剤

洗浄を行う物質の総称を“洗剤”と定義できるが，洗剤は，まず大きくその主たる使用者を基準にして，家庭用，業務用，工業用に分類される．家庭用洗剤とは一般家庭で使用されることを目的として製造され，その用途によって分類すると図 3.24 のように身体用，洗濯用，台所用および住宅・家具用に分類される．本節では，洗浄の主な作用が界面活性剤による家庭用の衣料用洗剤，台所用洗剤を「洗剤」とし，それ以外の酸やアルカリ，酸化剤の化学作用による

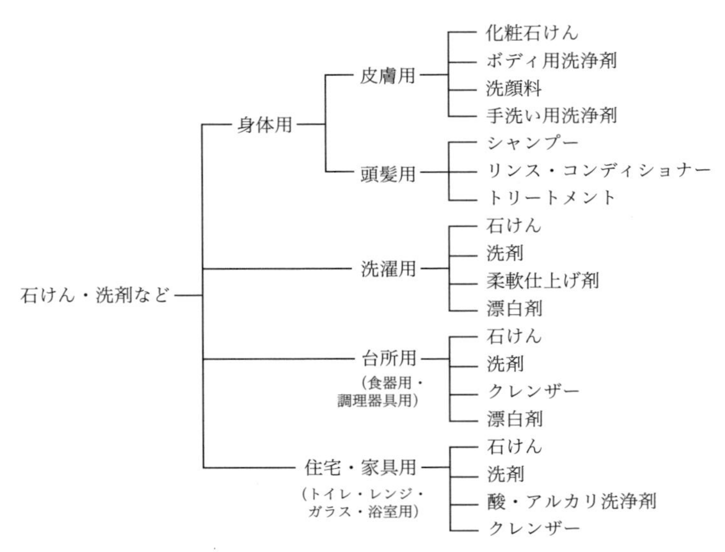

図 3.24　石けん（セッケン）・洗剤などの用途による分類
（出典：日本石鹸洗剤工業会，暮らしの中の石けん・洗剤，2011 年 3 月）

ものを「洗浄剤」としている．そしてさらに，表 3.25 に示すように，界面活性剤のうち純セッケン分以外の割合が 30％（台所用では 40％）を超えるものを「合成洗剤」と称し，セッケンと複合セッケンは純セッケン分の割合で区分している．

第 2 次世界大戦以降，米英諸国において石油化学が発展し，合成洗剤も合成系原料への転換が積極的に図られた．わが国においても戦後，アルキルベンゼン系の合成洗剤が主流となり，ヤシ油，パーム油，パーム核油などを原料とした高級アルコールが次第に合成アルコールに切り替えられるようになった（3.11 参照）．

こうして従来のセッケンよりも合成洗剤の方が多く使われるようになったのは，米国では 1953 年（昭和 28），わが国では 1963 年（昭和 38）のことである．しかし，その後アルキルベンゼンスルホン酸塩（ABS）系洗剤による水質汚染の問題がクローズアップされるようになり，より生分解性の高い直鎖アルキルベンゼンスルホン酸ナトリウム（LAS）に切り替えられるようになった．これは米国では 1965 年（昭和 40），わが国では 1966 年（昭和 41）のことである．この結果，わが国の合成洗剤の生分解度は 1968 年（昭和 43）に 80％，1970 年（昭和 45）には 85％に達し，1972 年（昭和 47）

表 3.25　家庭用品品質表示法に基づく品名区分

品　名	純石けん分	その他の界面活性剤
洗濯用石けん	100％	0％
台所用石けん	100％	0％
洗濯用複合石けん	70％以上	30％以下
台所用複合石けん	60％以上	40％以下
洗濯用合成洗剤	70％未満	30％を超える
台所用合成洗剤	60％未満	40％を超える

出典：界面活性剤評価・試験法 第二版，公益社団法人日本油化学会編，2106 年刊．

には切り替えを完了した．1978年（昭和53）の環境庁の全国的な河川水質調査によると，ABS，LAS共に検出されなかった．

またこの間，合成洗剤，特にLASの人体への安全性についての疑問がかなり出されたが，国内の組織的な試験検討の結果，政府によりその安全性が確認されている（1976年）．

1983年（昭和58）には厚生省により安全性に関する総合調査がまとめられ，これに基づいて，洗剤に使用されている主要な界面活性剤について公衆衛生学者の見解が示された．

1960年代，洗剤にはリン酸塩が広く使われてきたが，工業排水・農業排水・生活排水などにより，窒素やリンの濃度が増加して，霞ヶ浦のアオコの大発生（1968年）や琵琶湖での淡水赤潮（1969年）などの被害が顕著になり，富栄養化による水質汚染として社会問題となった．なお，洗剤の変遷で特筆すべきことは，湖沼や内海での富栄養化防止対策の一環として，衣料用洗剤に配合されるリン酸塩のトリポリリン酸ナトリウム（STPP）の使用をやめ，他国に先駆けていち早く無リン化が図られたことである．すなわち，洗剤のビルダーとして使用されていたリン酸塩は4A型ゼオライトに切り替えられ，1983年（昭和58）には衣料用洗剤の無リン化を完了したのである．

さらに1987年（昭和62）には，粉末コンパクト洗剤が登場し，従来の見掛け比重0.3〜0.4から0.7〜0.8へと容積比率で約1/4，重量比率で約5/8になった．これはまたたく間に衣料用洗剤の80％以上を占めるようになった．その後，2006年（平成18）以降は粉末洗剤の溶け残りを理由に液体洗剤への移行が進み，2009年（平成21）のコンパクト型液体洗剤登場によりさらに液体化が加速し，2011年（平成23）には粉末洗剤と液体洗剤の販売比率が逆転した．現在，国内の衣料用洗剤は液体洗剤が主流となっている．また，

2014年（平成26）には水溶性フィルムに洗濯1回分のジェル状洗剤を密封した，新剤形のボール型洗剤が登場している.

3.14.1　合成洗剤の原料

a.　界面活性剤

合成洗剤の原料は前述のように合成系が主流となっており，油脂系のものではセッケンが配合剤として用いられ，中間原料としてヤシ油還元の高級アルコールが使用されている.

表3.26　界面活性剤の分類と主な用途

分　類	種　類	主な用途
陰イオン界面活性剤(アニオン)	高級脂肪酸塩（石けん）	化粧石けん，衣料用
	α-スルホ脂肪酸エステル塩（MES）	衣料用
	直鎖アルキルベンゼンスルホン酸塩（LAS）	衣料用，台所用，住居用
	アルキルベンゼンスルホン酸塩（AS）	衣料用，シャンプー
	ポリオキシエチレンアルキルエーテル硫酸塩（AES）	衣料用，台所用，シャンプー
	α-オレフィンスルホン酸塩（AOS）	衣料用，台所用，シャンプー
	アルカンスルホン酸塩（SAS）	衣料用，台所用
陰イオン界面活性剤(カチオン)	アルキルジメチルアンモニウム塩	柔軟剤，リンス，帯電防止剤
	アルキルトリメチルアンモニウム塩	リンス
	ジアルキルイミダゾリン	柔軟剤
非イオン界面活性剤(ノニオン)	ポリオキシエチレンアルキルエーテル（AE）	衣料用，台所用，住居用
	脂肪酸アルカノールアミド	台所用，シャンプー
	アルキルジメチルアミンオキシド（AO）	台所用，シャンプー
	アルキルグルコシド	台所用，シャンプー
両性界面活性剤	アルキルベタイン	シャンプー
	アルキルイミダゾリニウム塩	シャンプー

出典：界面活性剤評価・試験法 第二版，公益社団法人日本油化学会編，2016年刊.

洗剤に使用される代表的な界面活性剤は表 3.26 のように分類され，衣料用洗剤や台所用洗剤では主に陰イオン界面活性剤と非イオン界面活性剤が使用されている．

b.　副原料

合成洗剤には界面活性剤のほかに，用途によって各種の副原料が配合される．

ビルダー：界面活性剤と一緒に配合することで洗剤の洗浄効果を増強させる機能をもつ添加剤を，ビルダーと総称する．ビルダーには水軟化剤（金属封鎖剤），アルカリ剤，分散剤がある．

水軟化剤（金属封鎖剤）：水の硬度成分（カルシウムイオンやマグネシウムイオン）は，汚れに含まれる脂肪酸と結合して水に不溶の脂肪酸塩を形成したり，陰イオン界面活性剤とイオン交換を起こして界面活性剤を不溶性にするなどして洗浄力を低下させるため，これを防止する目的で水軟化剤が添加される．代表的な水軟化剤にはアルミノケイ酸ナトリウム（4A 型ゼオライト）などがある．

アルカリ剤：天然の油性汚れ中に含まれる遊離脂肪酸をけん化し，その他の油性物質を乳化して界面活性剤の作用を助ける．代表的なアルカリ剤には，炭酸ナトリウム，ケイ酸ナトリウム，モノエタノールアミンなどがあり，油性汚れの除去に有効である．

分散剤：ポリアクリル酸ナトリウム（PAS），カルボキシメチルセルロース（CMC），ポリエチレングリコール（PEG）がよく使われ，一度落ちた汚れが洗濯物に再付着することを防止するために，汚れを分散し，安定化させる．

c.　その他の添加剤

洗剤の品質の安定化や性能を付加したり強化したりする目的で配合される．硫酸ナトリウム（芒硝）が使用され，界面活性剤の臨界ミセル濃度（c.m.c.）を低下させ，界面活性能を向上させる．そのほかに，洗剤の形態や性能を安定的に保つ安定化剤として無機酸，有機酸が，有機溶剤としてエタノール，イソプロピルアルコール，プロピレングリコールなどが用いられる．必要に応じて酵素，漂白剤，蛍光増白剤，抗菌剤なども添加併用される．

d. 酵　素

界面活性剤やビルダーでは除去しにくい汚れを酵素の触媒作用によって分解し，洗剤の洗浄効果を向上する．最初に洗剤に応用されたのはプロテアーゼ（タンパク質分解酵素）で，もっとも代表的な洗剤用酵素である．その後開発が進み，リパーゼ（脂質分解酵素），アミラーゼ（デンプン分解酵素），マンナナーゼ（多糖分解酵素の一種）など，洗剤に使用される酵素種は増加した．また，汚れの付着した木綿繊維側に作用することで洗浄効果に寄与する酵素（セルラーゼ）も用いられるようになった．

少量で高い効果を発揮する酵素は，省資源やグリーンテクノロジーといった時代の要請の高まりに伴って拡大してきており，複数種の酵素が配合された洗剤も多くなった．洗剤用酵素には高効率な触媒作用だけでなく，界面活性剤やアルカリ剤等の他の洗剤成分に対する耐性や，液体洗剤中での高い安定性といった品質も求められる．バイオテクノロジーの目覚ましい進歩に伴い，様々な酵素が研究され，改良や開発がなされてきている．

3.14.2 合成洗剤の製法

既に述べたように，合成洗剤に使用される代表的な界面活性剤は合成品を原料とするものが多いが，油脂を原料とするセッケンや油脂からつくられる高級アルコールを原料とするものもある．これらの界面活性剤については，先に3.12.2項でその合成経路を示した．

粉末洗剤の場合には，まず界面活性剤，ビルダー，その他の添加剤を配合槽において加熱混合し，懸濁状のスラリーをつくる．次の粉末化の工程は，粉末セッケンの熱風乾燥のところで述べた内容と同様である．粉末化後はケーキング防止のために，冷却，ふるいなどを経てサイロに蓄える．なお，副原料によっては，粉末化後に加えるものもある．

液体洗剤の場合には，溶解補助剤，補助添加剤などを配合したのち沪過し，貯蔵槽へ移し，充填する．

3.14.3 合成洗剤の種類と用途

(1) 衣料用洗剤

a. 洗濯用セッケン

粉末，液体，固形の製品があるが，固形は少なくなっている．

原料として以前は牛脂を主体に使っていたが，近年の消費者の植物志向や，1996 年（平成 8）に欧州で発生した BSE（狂牛病）の影響で牛脂は減り，植物性油脂に変わってきた．近年，東南アジア各国は食用油となるパームの生産に力を入れていることや，パーム油が牛脂と非常に近い油脂の性質をもっていることから，パーム油が一番よく使われるようになった．

洗浄力を高めるために，粉末セッケンに炭酸ナトリウムやケイ酸ナトリウムを 30～40％配合している．洗濯用複合セッケンは汚れの多い洗濯に使用する．これらを配合していない洗濯用セッケンは，汚れが比較的少なく傷みやすい繊維製品の洗濯に使用する．

b. 洗濯用洗剤

液体洗剤が主流となっており，一部粉末洗剤が使用されている．粉末洗剤は 1980 年（昭和 55）頃のものに比べて容積が 1/4 程度と小型化し，コンパクト型粉末洗剤（高密度品）となっている．1987 年（昭和 62）のコンパクト型粉末洗剤の使用量が 25 g/30 L であったのに対し，1995 年（平成 7）には 20 g/30 L，翌年には 15 g/30 L となっている．一方，液体洗剤では，2009 年（平成 21）に登場したコンパクト型は 1 回当たりの使用量が 2/5 となり（一般液体洗剤 25 g/30 L に対し 10 g/30 L），また，“すすぎ 1 回”を特徴としたコンパクト型液体洗剤（高濃度品）も多く出回るようになった．

弱アルカリ性のビルダーなどを配合し，汚れの度合いの大きいものの洗浄に用いられる合成洗剤を，重質洗剤（ヘビーデューティ洗剤）と呼ぶ．一方，軽い汚れの繊維製品，または洗濯機などの機械的な力をかけない方がよい毛，絹などを手洗いするときに用いられる合成洗剤を軽質洗剤（ライトデューティ洗剤）と呼ぶ．使用される界面活性剤は，陰イオン活性剤の直鎖アルキルベンゼンスルホン酸ナトリウム（LAS），ポリオキシエチレンアルキルエーテル硫酸ナトリウム（AES），セッケンや非イオン界面活性剤のポリオキシエチレンアルキルエーテル（AE）などが主体である．

液体洗剤では粉末洗剤に比べ，非イオン界面活性剤のポリオキシエチレンアルキルエーテル（AE）が多く使用される．そのほかに，アルキル硫酸ナトリウム（AS），α-オレフィンスルホン酸ナトリウム（AOS），α-スルホ脂肪酸エステル塩（MES）などが使用される．

(2)　その他の洗剤

a.　台所用洗剤

台所用洗剤の対象物は食器と食品（野菜と果物）であり，現在では液体タイプが主流である．主な洗浄基剤は界面活性剤であり，古くは LAS が主流であったが，近年ではポリオキシエチレンアルキルエーテル硫酸塩（AES），ポリオキシエチレンアルキルエーテル（AE），アルキルジメチルアミンオキシド（AO）などが多く使用されている．近年の環境意識の高まりを反映し，節水型洗浄剤が求められており，洗浄時には豊かな起泡性を有する一方，すすぎ時には素早く泡切れするような界面活性剤の組み合わせを工夫した洗浄剤が主流となってきている.

このほかに，セッケン，研磨剤と界面活性剤を併用したクレンザー，自動食器洗い機用洗剤などがある.

b. 住居用洗剤

住居用洗剤の対象は浴室，トイレ，床やカーペット，家具やガラスなど多岐にわたり，汚れ成分も多種多様であり，それぞれの特性に対応した洗浄剤が求められる．そのため，液体洗浄剤からシートタイプまで様々な形態がある.

例えば，浴室のような水洗いを行う対象に対しては液体タイプが主に使用される．洗浄成分としては，界面活性剤（LAS, AES, AEなど)・キレート剤（EDTAやクエン酸塩など)・溶剤（グリコールエーテル系など）が用いられる．浴室用洗剤においても節水型商品が求められており，素早い泡切れ性を有する洗浄剤が主流となっている.

3.15 そ の 他

3.15.1 大豆たん白

(1) 植物性たん白の定義と歴史

現在，JASでは植物性たん白を以下のように定義している.

「大豆や小麦を原料として，それに加工処理を施し，タンパク質含有量を高めたものに加熱，加圧等の物理的作用によりゲル形成性，乳化性等の機能又は噛みごたえを与え，粉末状，ペースト状，粒状又は繊維状に成形したもので，タンパク質の含有率を50％以上に高めたもの」

動物性タンパク質の供給源である家畜の飼育には大量の穀物や草

資源を必要とし，1 kg の豚肉を得るためにはその 6～7 倍の量，牛肉では 10 倍の量の飼料を必要とする．これに対し，植物性たん白は植物から直接タンパク質を得られるため，世界の食料需給が逼迫するという長期展望のなかで効率的な資源利用になるという考え方で技術開発が進められてきた．

大豆たん白は，大豆から油分を抽出した脱脂大豆を原材料としてつくられる．製油の副産物であり，米国で 1940 年代から技術開発が進み，日本では 1960 年代後半から開発，製造されている．大豆たん白の生産量は当初は急速に増加したが，ある時期から頭打ち状態となっている．この理由としては 2 点あり，1 つは植物油の需要が安定的に推移しているため，大豆たん白の生産もこれに併行していること，2 つ目として，主な大豆たん白食品の用途である畜肉・水産練り製品の供給量が安定していることがある．

(2)　大豆たん白食品

“畑の肉”といわれるように，大豆のタンパク質は栄養的に優れているだけでなく，肉と違って動物脂を含まずコレステロールもないので，健康増進に寄与するという側面もある．1999 年（平成 11）に，米国食品医薬品局（FDA）は，大豆タンパク質に血中コレステロール量や中性脂肪量を低減させる機能があるという研究報告に基づき，“1 日当たり 25 g の分離大豆たん白を摂取すると心臓疾患が予防できる”という食品表示を認めている．欧米では健康上の配慮に加え，信念上や宗教上の理由でベジタリアンのニーズも増えている．

大豆たん白は種類，形状により多様な機能特性を有している．主な機能特性と食品への適用事例を以下に示す．

①　栄養の強化（プロテインパウダー，菓子類）

②　乳化性，抱脂性によるエマルジョン安定性の向上および脂

防分離の防止（ソーセージ）

③ 離水防止による肉汁の分離防止とクッキングロスの減少（ハム）

④ ゲル形成性，粘着性による肉塊の結着とスライス適性の付与（かまぼこ，ちくわ，プレスハム）

⑤ 組織形成性による食感改良（パン，麺）

⑥ 組織状，繊維状大豆たん白によるテクスチャーの向上（ハンバーグ，ミートボール，餃子，シュウマイ）

⑦ やせ，焼き縮み防止による品質向上（ハンバーグ，メンチカツ）

これらの大豆たん白の用途は主に他の食品の食感の改善や増量を目的としているが，外食産業などでは油揚げ，がんもどきなど，大豆たん白そのもので作られた食品も利用されている．

(3) 大豆たん白の種類

現在，大豆たん白製品として次のようなものが知られている．

a. 濃縮たん白

濃縮たん白は乾物中のタンパク質含有量が70％前後で，食品用脱脂大豆から水または溶媒によって糖分，灰分を除き粉末化したもので，保水性，結着性が良いので水産練り製品，畜肉加工品に利用されている．

b. 抽出たん白

食品用脱脂大豆から抽出によってオカラを除いた，いわゆる豆乳を粉末状に乾燥したもので，濃縮たん白の一種とも考えられ，タンパク質含料は60％以上である．ゲル化能を有し，水産練り製品，畜肉加工品などに利用される．また，牛乳アレルギーの人や低コレステロールの食事を必要とする人に，豆乳として飲用される．

c. 分離たん白

食品用脱脂大豆から糖分，灰分，オカラを除いて粉末状に乾燥したもので，タンパク質含量は90%前後になる．乳化性や弾力性のあるゲル形成性を応用してハム，ソーセージ，水産練り製品に使用したり，乳化性，起泡性を応用してホイップドトッピング，冷凍デザートなどに利用される．

d. 粒状たん白

粉末状大豆たん白を原料とし，高温高圧下で処理して常圧に戻すことにより肉状組織をつくる．保水性や肉とのなじみがよく，ハンバーグ，ミートボール，ギョウザ，シュウマイなどに使用して，肉やせしない，肉汁の保持がよいなどの特徴をもつ．

e. 繊維状たん白

大豆タンパク質の繊維形成性を応用して肉状繊維にしたもので，咀嚼（そしゃく）性があり，ハンバーグなどの畜肉加工食品に用いられる．この繊維状たん白と，上述した粒状たん白は，その組織による機能性から，家庭での調理の変化に伴いニーズが増えている冷凍食品に欠かせない素材となっている．

3.15.2 油粕

(1) 植物油粕（ミール）

植物油粕は油糧種子から搾油工程を経て油分を取った残りであり，いわゆる油かすであるが，製油工程における重要な副産物であるため，製油業界ではミールと呼ぶことが多い．ミールは栄養価の高い優れたタンパク源で，広く飼料に使用されている．戦後，わが国の食生活が向上して洋風化が進み，肉類の消費が増加するにつれて配合飼料の消費も増加した．そこで，配合・混合飼料タンパク源として約10%の大豆ミールと約5%のナタネミール，1%弱のその

表 3.27 配合飼料の生産量と油粕の消費（千トン）

項目　　年次（年）	平成 23	平成 24	平成 25	平成 26	平成 27	平成 27/23 年比
配合飼料	23,813	23,692	23,565	22,976	23,125	
前年比（%）	99.1	99.5	99.5	97.5	100.6	0.97
大豆ミール（脱脂大豆）	3,280	2,974	2,809	2,849	2,961	
前年比（%）	95.1	90.7	94.5	101.4	103.9	0.90
ナタネミール	1,033	1,154	1,190	1,117	1,198	
前年比（%）	100.7	111.7	103.1	93.9	107.3	1.16
その他植物油粕	158	160	153	150	152	
前年比（%）	97.5	101.3	95.6	98.0	101.3	0.96
魚粕・魚粉	112	104	98	91	78	
前年比（%）	88.9	92.9	94.2	92.9	85.7	0.70

他の油粕が使用され，植物油粕は重要な位置を占めるようになっている（表 3.27）．ミールの飼料への用途は，ほぼ次のような割合になっている．

家禽（かきん）	51%
豚	23
乳牛	15
肉牛	9
養魚，その他	1

家禽はもっとも飼料効率が高く，食肉源として経済的であり，牛は効率が悪い．そのため家禽の生産は急激に伸びてきて，配合・混合飼料消費の約半分を占めている．

わが国の配合飼料の生産量は，畜産物需要の増大を背景として，その畜産の発展とともに，昭和 40，50 年代に大きく伸び，昭和 63 年度にピークに達した（2,644 万トン）．その後は減少ないし横ばいで推移し，近年は 2,300 万トン前後で推移している．

上述した通り，飼料のタンパク源として植物油粕が多く使われているが，昭和 60 年代までは魚粕も多く使われていた．しかし，魚粕の使用量はその後減少を続け，現在は配合飼料用途の 1% 程度となっている．

a.　大豆ミール（脱脂大豆）

2015 年（平成 27）の国内搾油による大豆ミールの生産が約 170 万トン，輸入大豆ミールが 175 万トンであり，合計 345 万トンの消費があった．このうち飼料用は約 85% に当たる 290 万トンであり，残りの 53 万トンが醤油などの醸造用や大豆たん白原料など，その他の食品用に消費されている．

b.　ナタネミール

わが国ではナタネは大豆とともに重要な搾油原料である．平成 27 年には年間 245 万トンが搾油され，副産物として 137 万トン程度のナタネミールが生産された．このうち 113 万トン（81%）が飼料用に，25 万トン（19%）が肥料として消費されている．

ナタネミールは従来から有機質肥料として重用され，特にタバコ，ミカン，家庭園芸肥料として使われている．ナタネミールには動物の甲状腺に障害を与えるグルコシノレートが含まれていたことから，従来は飼料としては多用されなかったが，低グルコシノレートのキャノーラ種のナタネが搾油原料として主流となり，最近は半分以上が飼料用となっている．

c.　その他の植物油粕

配合・混合飼料用途として，その他の植物油粕は年間約 15 万トン使用されており，その原料はアマニや綿実などである．

(2)　動物油粕

動物油粕として量的に多く統計資料の得られるのは魚粉，魚粕である．以前は国内でも飼料用途に多く用いられていたが，国内漁獲高の減少や，世界におけるサーモンやエビなど水産養殖の増産に伴う価格上昇などの要因により，植物油粕への置き換えが進んでいる．

わが国の魚粉，魚粕生産量は，2015 年（平成 27）は 18 万トン，輸入量は 22 万トンであった．

3.15.3 レ シ チ ン

リン脂質にはいくつかの種類が知られており，その代表的なものにレシチンがある．

レシチンは商業的にはグリセロリン脂質の総称であり，トリグリセライド（油）の 3 個の脂肪酸のうち，その 1 個がリン酸と入れ替わった基本骨格をもつ．リン酸にコリンが結合したホスファチジルコリン（図 3.25）が代表的で，学術的にはこれのみをレシチンと呼ぶ．

レシチンの脂肪酸エステルの部分はいわば油であって，水になじまず（親油性），リン酸やコリンの部分は酸素や窒素原子をもち，水に親しみやすい（親水性）．1 つの分子の中に親油基と親水基をもっている物質は，水と油を混ぜる場合に仲立ちとなって乳化を助ける．マヨネーズでは卵黄のレシチンが乳化剤として働き，安定なエマルションをつくっている．

このように，レシチンは優れた天然の非イオン界面活性剤として

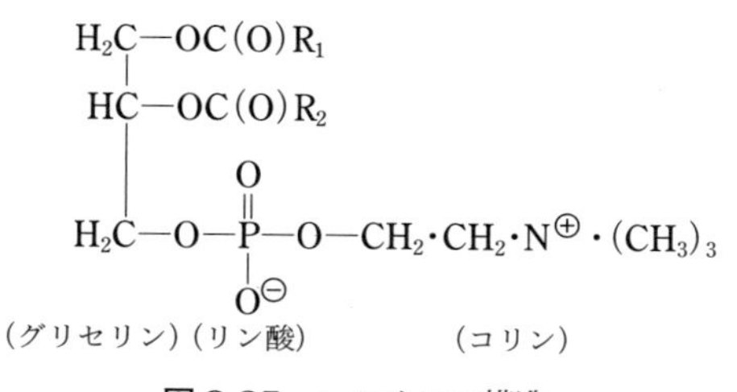

図 3.25 レシチンの構造

食品工業はもちろん，工業用としても広く使用されている．用途としては，マーガリン，ショートニング，チョコレート，アイスクリーム，パン，めん，菓子などに添加することにより乳化を助け，安定性を増し，味を良くする．

工業用としても塗料，印刷インキ，ゴム，石油，皮革，繊維，化粧品，飼料などに広く使用される．また，リン脂質は生体内でいろいろな役割を果たしており，医薬品としても使用される．通常，レシチンといえば大豆レシチンを指すことが多く，大豆原油から脱ガム工程で発生する水和物を分離，乾燥して製造される．

3.15.4 EPA, DHA

デンマーク人の H. O. Bang, J. Dyerberg らは 1971 年（昭和 46）に，デンマーク人と比較してエスキモーの人に心筋梗塞や脳梗塞が少ないのは，常食としているイワシ，ニシン，アザラシなどに含まれている油脂の組成に関係があると報告した．これらの油脂には不飽和度の高い高度不飽和脂肪酸である EPA（エイコサペンタエン酸：C20:5n−3）と DHA（ドコサヘキサエン酸：C22:6n−3）が多く含まれており，これが心筋梗塞や脳梗塞の予防や治療に効果のあることが，数多くの疫学調査や試験で明らかにされた．

魚油中には EPA や DHA が多く含まれているが，表 1.7（1.2.3 項）に示したように，特にイワシ油には多い．これらの高度不飽和脂肪酸は酸化されると魚油臭を発するので，新鮮な魚油を精製し，ウインタリングして EPA 濃度を 25〜28％に高めてゼラチンカプセルにしたものや，エチルエステル化して高真空下で精留し，さらに尿素付加法を利用して 90％以上の濃度に高めて医薬品用途としている．

参考文献

・日本油化学会 編, 改訂第2版 油脂・脂質の基礎と応用, 公益社団法人日本油化学会 (2009)
・一般社団法人日本植物油協会ホームページ　http://www.oil.or.jp/
・全国マヨネーズ・ドレッシング類協会ホームページ　http://www.mayonnaise.org/
・日本マーガリン工業会統計データ　http://www.j-margarine.com/datalist/
・平成27年3月20日内閣府令第10号, 食品表示基準, 別表第3
・マーガリン類の日本農林規格　昭和60年6月22日農林水産省告示第932号, 最終改正平成28年2月24日農林水産省告示第489号
・佐藤清隆, 上野聡 著, 脂質の機能性と構造・物性　分子からマスカラ・チョコレートまで, 丸善出版 (2011)
・荒井綜一, 小林彰夫, 矢島泉, 川崎通昭 編, 最新香料の辞典, 朝倉書店 (2000)
・山野善正 監修, 油脂のおいしさと科学～メカニズムから構造・状態・調理・加工まで～, (株) エヌ・ティー・エス (2016)
・中澤君敏 著, マーガリン ショートニング ラード：可塑性油脂のすべて, 光琳 (1979)
・古田武, 村勢則郎, 安達修二, 辻本進, 中村哲也 編, 食品の高機能粉末・カプセル化技術, サイエンスフォーラム社 (2003)
・宮川善一, 油脂化学製品便覧, p.771, 日刊工業新聞社 (1963)
・V. L. Hansley, *Ind. Eng. Chem.* **39**, 55-62 (1947)
・福島正敏, 油化学 **9**, 473-480 (1960)
・W. C. Griffin, *J. Soc. Cosmetic Chemists* **1**, 311-326 (1949)
・一般社団法人日本植物タンパク食品協会ホームページ　http://www.protein.or.jp/
・月刊油脂2016年8月増刊 油脂産業年鑑, 幸書房 (2016)
・農林水産省 編, 我が国の油脂事情, 2016年10月

索　引

ア 行

カ　行

サ　行

タ　行

ナ　行

ハ　行

マ　行

ヤ　行

ラ　行

ワ　行

改訂新版　油脂製品の知識

2018 年 4 月 30 日　初版第 1 刷発行
2022 年 8 月 10 日　初版第 2 刷発行

編　　者　後 藤 直 宏

著　　者　公益社団法人 日本油化学会
ライフサイエンス・産業技術部会

発 行 者　田 中 直 樹

発 行 所　株式会社　幸 書 房

〒 101-0051　東京都千代田区神田神保町 2-7
TEL 03-3512-0165　FAX 03-3512-0166
URL　http://www.saiwaishobo.co.jp

装　幀：クリエイティブ・コンセプト（根本眞一）
組　版：デジプロ
印　刷：平 文 社

Printed in Japan. Copyright Japan Oil Chemists' Society, Life Science and Industrial Technology Division
無断転載を禁じます.
・ JCOPY 〈(社) 出版者著作権管理機構　委託出版物〉
本書の無断複写は著作権法上での例外を除き禁じられています.
複写される場合は，その都度事前に，(社) 出版者著作権管理機構
(電話 03-5244-5088，FAX 03-5244-5089，e-mail：info@jcopy.or.jp)
の許諾を得てください.

ISBN978-4-7821-0427-9　C3058